任何场合都不失控的性格自修课。

CHANGE YOUR
BAD TEMPER

改变你的坏脾气

墨 羽 ◎ 著

人一辈子犯的错，80%是因为生气
让焦虑、烦躁、迷茫等负面情绪一扫而空

中国商业出版社

图书在版编目（CIP）数据

改变你的坏脾气 / 墨羽著. -- 北京：中国商业出版社，2017.11

ISBN 978-7-5044-9854-0

Ⅰ. ①改… Ⅱ. ①墨… Ⅲ. ①情绪－自我控制－通俗读物 Ⅳ. ①B842.6-49

中国版本图书馆 CIP 数据核字 (2017) 第 082171 号

责任编辑：姜丽君

中国商业出版社出版发行
（100053 北京广安门内报国寺1号）
010-63180647 www.c-cbook.com
新华书店经销
三河市三佳印刷装订有限公司印刷

*

710×1000毫米　1/16开　15印张　230千字
2018年1月第1版　2018年1月第1次印刷
定价：38.00元

****

（如有印装质量问题可更换）

> 序言

脾气来了，福气就没了

当我们走在大街上，经常会看到正在发脾气的人。马路边，妈妈正在怒气冲冲地朝孩子大喊；快餐店里，老板正在狠狠地训斥犯错误的员工；公交车上，两个人为了座位争执不休。在竞争异常激烈的当下，人们的脾气越来越大，像是有发不完的火。谁都知道气大伤身，发脾气终归是不好的，可就是管不住自己。

人的一生不过数十载，很多事转瞬即逝，不会在脑海中留下太多的印记，又何必计较一些微不足道的事情？为了一点点小事争执不休，即便争赢了又能获得什么？输又会失去什么呢？

然而，有一点可以确定，无论对错输赢，都会伤害彼此的感情，只会给自己带来糟糕的心情。有了脾气，便丢了福气。退一步海阔天空，丢掉坏脾气，才能握住好福气。

改变坏脾气的方法就是提高个人修养。如果一个人时刻都能保持平静、纯洁的心灵，生活的任何不如意都不能激起他心湖的一丝涟漪。一个人智商不高没关系，情商不高也不是问题，但是做人一定要目标远大。说白了，就是你可以不聪明，可以不懂得交际，但是一定要大气优雅。如果生活中的一些小事常让你烦闷，一两句话就让你难以释怀，那么这就是心胸狭窄的表现。做人切不可小肚鸡肠，做人有多大气就能有多大的成功，胸怀是否宽大是一个人成功与否的标志。

当你的幸福来临的时候，不要考虑这幸福是否永恒，一个患得患失的人是体会不到幸福的。当你的脾气来临的时候，你的福气也就走了。一个懂得控制自己情绪的人，知道用嘴伤人是最愚蠢的行为。当别人惹你生气的时候，你觉得尊严受到了侮辱，此时切不可发火，应该冷静地告诉自己，与其大发雷霆，不如选择原谅对方，以和为贵，免得最后赔了名誉又失去了朋友。

谁没有一点脾气呢？生气了就想吵架，高兴了就想笑，这是人之常情。但是在现实生活中，很多负面情绪是没有必要的。遇到麻烦事，不要轻易发火，凡事先冷静一下。你要知道，再多的争吵也不能扭转局面，退一步海阔天空，反而能显出你的宽容大量。不卑不亢、不吵不闹，在面对问题时，用理智而冷静的态度去解决问题。

人的一生有许多不顺心的事情，在针锋相对的时候，你必须时刻记住要控制自己的情绪。只有学会控制情绪的人，才是一个真正快乐的人。生活中很多不愉快的事情都会成为情绪恶化的导火索，让你失去自我，陷入失控的状态。这时，你该怎么做呢？

首先请记住，生气的时候不要做任何事情，糟糕的情绪容易让你丧失自我，你要马上停下手中的一切工作，让自己的心情慢慢地平静下来。然后，让自己做一个深呼吸，让新鲜的空气进入自己的身体，促进血液循环，使头脑冷静、清晰下来。在心中默念：别发火，发火会伤身。一个有涵养的人很快能控制自己，让自己不断冷静下来。

然后，请冷静地分析自己发火的原因。好好想一想以前生气发怒之后哪件事情得到了完美的解决？除了破坏人际关系，影响自己，伤害自己外，可以说是百害无一利。因此，从这一刻起我们要学会控制自己的情绪。因为当脾气来临的时候，自己的福气也就没了。只有脾气好，才能收获美好的心情，收获完美的人生。

请记住，每个人都有脾气，脾气有好有坏，然而坏脾气对我们的恶劣影响是不言而喻的，如果任其发展，不仅会影响身心健康，还会影响自己的前途。只要脾气好，凡事都会好。因此，远离坏脾气，才能拯救人生。

本书是奉献给广大读者朋友的精神食粮，全面阐述了坏脾气对健康、情感、事业和人生幸福的危害，并提供科学、有效的解决方法。本书既有先贤圣人的金玉良言，又有贴近生活的现实事例，读者可以在书中畅游思想的海洋，接受心灵的涤荡，进而锤炼出淡定、从容的优雅人生。

>目录

第一章 人一辈子犯的错，80%是因为生气 / 001

生气是一种正常的情绪冲动，不过在心理学家眼中，这种冲动不仅毫无益处，反而是一种行为缺陷。人一辈子犯的错，大部分都是因为发脾气。如果连自己的情绪都控制不了，即便给你整个世界，你也早晚会毁掉一切。

野马结局：不生气是一种修行 / 003

所有烦恼都是自找的 / 005

多反省自己，少怪罪别人 / 007

虚荣是坏脾气的罪恶之花 / 009

提高抗压能力，别让坏脾气伤人又伤己 / 011

喜怒不要表露在外 / 013

别拿无法挽回的损失折磨自己 / 015

第二章 能调控自己脾气的人，就掌控了生活的晴雨表 / 019

愤怒只会让人一时痛快，却会带来人际关系恶化、决策失败、计划搁浅等一系列后果。任何一个成功人士都不会轻易被"愤怒"主宰，他们对自身的情绪都有着非凡的自控力。可以说，能调控自己脾气的人，就掌控了生活的晴雨表。

控制不住火暴脾气，何来好人缘 / 021

要想事儿顺，先得气儿顺 / 023
学会用努力战胜怒气 / 025
克服焦虑：摆脱乌云笼罩的生活 / 028
不急不躁，从容面对一切荣辱得失 / 030
自我提升，完善性格 / 032

第三章　行动起来，为你的脾气切换一条"跑道" / 037

脾气构成了人类丰富的情感元素和旺盛的生命力，不过一旦处理不好，就很可能会沦为坏脾气的奴隶。这些坏脾气如果不及时排解，会对身心健康造成负面影响。出于本能的自我保护，我们都盼望有一个合理的出口，为你的脾气切换一条"跑道"。只有这样才能免受坏脾气的影响，活得轻松健康。

情绪垃圾要果断丢弃 / 039
状态不好的时候换个事来做 / 041
保持冷静，换一种视角看问题 / 043
不能改变就要学会接纳 / 045
必要时候认衰是个好办法 / 047
用平常心看不平常事 / 050
适度发泄坏情绪，轻装上阵 / 052

第四章　提升自控力，爱发脾气注定没有大格局 / 055

坏心情、坏脾气、刻薄的表现、嘲弄他人的行为……这些恶习埋藏在我们的本性当中，总是会在我们不经意间乘虚而入，甚至控制我们的心灵与行动。人最不能够缺少的品德就是容忍与克制。要想拥有改变世界的力量，那么就必须拥有改造自己的决心。有时候，你与成功之间的距离，只差一点自控力，爱发脾气的人注定没有大格局的。

善于把控自己，才能把握人生 / 057

养成好习惯，培育持久的自控力 / 059

怎样形成自律"生物钟" / 061

学会忍耐，沉住气方能成大器 / 063

是雨是晴，都在你心 / 065

第五章 愤怒是魔鬼，别让一时的冲动毁掉一生 / 069

不善于控制愤怒情绪的人，遇到小小的刺激就歇斯底里，显然无法掌控局面。有本事的人没脾气，是因为他们懂得控制情绪，内心拥有平和的力量。

何必怒上心头，看得开才能活得好 / 071

站在对方的角度考虑问题 / 073

修炼容忍之道，不要败给"火气将军" / 075

学会克制自己 / 077

冷静下来，对自己说"不要紧" / 080

第六章 掌控情绪，不再为小事抓狂 / 083

在我们身边，许多人郁郁不得志，说到底是脾气太差的缘故。他们不善于掌控情绪，经常为小事抓狂，所以生活毫无条理，工作也没有起色。他们头脑一热，什么蠢事都做得出：或因无关紧要的谈话而斗殴，抑或只要别人吐点苦水，就忍不住当圣母，犯下根本性错误……你是"情绪"的傀儡吗？其实，只要你的情绪不失控，整个世界都可以成为你的表演舞台。

学会放宽心，从现在开始，甩开坏情绪 / 085

情绪不稳定时更需要深思熟虑 / 087

控制情绪才能改变生活 / 088

情绪糟糕时，请不要做任何决定 / 091

别因小事垂头丧气 / 093

永远不要选择情绪对抗 / 095

第七章 和别人斗气，就是和自己过不去 / 097

发脾气是人生不幸福的罪魁祸首。人生短暂易逝，有太多时光需要珍惜和把握。如果我们遇事总爱大动肝火，原本美好的生活就会化为一片荒芜。生气没有任何积极作用，和别人斗气，就是和自己过不去。倘若我们能够收起自己的怒发冲冠和火冒三丈，增加一点温文尔雅和心平气和，生命的长度和宽度都可以得到延伸。

有些事情不能太较真 / 099

换位思考，化解自己的怨气 / 101

用耐心来打磨你的意志 / 103

错把简单的事情复杂化 / 105

第八章 给心灵减减压，你的灵魂可以更"轻"一点 / 107

随着人们对生活的要求越来越高，人们所面对的压力也越来越大。如果不及时释放，就会产生极其严重的负面影响。如何去释放压力，就需要我们选择一个适合自己的方法，把压力转化为动力，只有这样，才能够克服压力对自己带来的负面影响。

洒脱的人生需要学会释怀 / 109

甩开一切束缚，过减法人生 / 111

别被他人的不良情绪左右 / 114

微笑、微笑，愤怒时也要保持微笑 / 116

第九章　不沉溺过去，不焦灼现在，不妄想未来 / 119

不沉溺过去，不焦灼现在，不妄想未来。活在当下的人，对待生活有一种欢乐的态度，对待自己是一种救赎的心境。活在当下的人从来不炫耀昨日的荣光，也不倾诉过往的忧伤，不会顶着昨日的光环洋洋得意，也不会沉溺于昨日的忧伤无法自拔，他们总是心思清明地享受着今天的生活。

学会给自己松绑，才能走得更远 / 121

别为昨日的不幸浪费今日的眼泪 / 123

得意时沉默，失意时要从容 / 125

别让未发生的事情影响你的情绪 / 127

活在当下，越简单就会越快乐 / 129

赶走忧郁，让心灵回归到阳光之下 / 131

第十章　用包容这把钥匙打开心灵的枷锁 / 133

包容是一种境界，一种风格。它是春风，所到之处鲜花盛开；它是阳光，亲切、明亮，带给人间无数温暖。谁能拒绝阳光呢？对每个人来说，如果在日常生活中不具备包容的胸襟，不但会伤害到他人，也会给自己带来伤害。

宽容，在善待他人的同时成全自己 / 135

大事化小，才能烦恼渐消 / 136

转化抱怨，感受丢掉抱怨后的美好 / 139

将一切看淡，反而收获更多 / 141

第十一章　心放宽：想得开放得下，脾气才会沉稳下来 / 145

> 心宽是福，它是一种良好心态，是一种崇高境界，也是一种人生智慧，否则看不开就是苦。心境宽了，就能善待宁静，就能大度处事，就不会与他人较劲，就能延年益寿，享受一生的平安与富足。因此，做人一定要想得开放得下，保持恬淡心，脾气才会沉稳下来，从而收获幸福。

心境的控制是人的最高境界 / 147

不浮躁，做事要沉得下去 / 149

为自己的心态找个平衡点 / 151

对生活的期望永远不要太高 / 153

学会给心理"排毒"：建立积极的心理暗示 / 155

第十二章　凡事不钻牛角尖，做世界上最"糊涂"的聪明人 / 159

> 生活中，我们总会被他人的行为激怒。做一个善于变通的人，做一个勇于改变的人，放弃原有的执拗，勇敢地接受新鲜事物，切勿钻牛角尖，走向死胡同。人活于世，不能一味较真，太执著会把关系搞砸，往往让自己身陷泥潭，搞不好就会伤筋动骨。郑板桥曾说过一句名言：人生难得糊涂。"难得糊涂"并不是糊里糊涂啥都不懂，而是一种人生态度，一种洞明世事的聪明抉择，是一种大彻大悟后的大智慧。

懂得变通，不要牺牲在牛角尖里 / 161

退一步风平浪静，让三分海阔天空 / 163

有些事不必太在乎 / 165

坦然接纳自己的不完美 / 166

多一些果敢，少一些纠结 / 168

目录
CONTENTS

第十三章　没有过不去的事儿，只有过不去的心坎儿 / 173

　　每个人的一生都像是一片天空，有时阳光明媚，有时狂风暴雨，有时阴霾重重，有时烈日炎炎。天空不会总是有阳光，人生也是一样，一次次的磕磕绊绊像是暴风骤雨，种种磨难好似电闪雷鸣。为了迈过那些坎坷，拥抱灿烂的未来，我们所需要的，除了勇敢与坚韧，还需要一颗平常心。

　　不刻薄，心平气和方能"人淡如菊" / 175

　　别给自己第二次犯错的机会 / 176

　　认真做事，不急于要结果 / 179

　　修炼惊人的逆境情商 / 182

　　没有人能使你不快乐，除了你自己 / 184

第十四章　万事随缘不计较：学会面对，一念放下万般自在 / 187

　　我们生活中的许多烦恼都源于得与失的矛盾。计较越少，脾气越好。所以，面对得与失、顺与逆、成与败、荣与辱，要坦然待之，凡事重要的是过程，对结果要顺其自然，不必斤斤计较、耿耿于怀，否则只会让自己活得太累。

　　不苛求不强求，一切随缘 / 189

　　别苛求自己，你不可能让所有人满意 / 192

　　别让内疚、忧伤和失败带给你疲惫 / 194

　　身心俱疲时放下工作独自远行 / 196

第十五章　会舍才能得：好脾气都在实践的生活法则 / 199

于"舍得"中见智慧，在"舍得"后感悟人生。"舍得"不仅是生活中的哲学，也是人们为人处世的大智慧，更是一种境界。舍得，有舍必有得，有得必有失。小舍小得，大舍大得，有舍有得，不舍不得。这不仅是成功者身上的华丽篇章，也是好脾气都在实践的生活法则。

剔除享乐心理，先清心后培养自控力 / 201

放慢身心，享受快乐"慢生活" / 203

跳出忙碌的圈子，丢掉过高的期望 / 205

凡事要看透，拿得起的人更要放得下 / 208

第十六章　我的心情我做主：让好脾气带来福气 / 211

愤怒的情绪是一种病毒，它会迅速占领你，让你失去理智，做出一些既伤害别人又伤害自己的事情。坏脾气就像一支专门搞破坏的笔，只会给你添上不光彩的颜色，改写你的人生，让你走向失败。所以，我们一定要保持平和的心态，我的心情我做主，经常给自己以积极的暗示，少发脾气，将坏脾气这种心灵上的枷锁彻底摧毁，让好脾气带来福气。

"装"出你的好心情 / 213

在生活中要尽量学会给自己积极的心理暗示 / 215

别让自卑情绪笼罩着你 / 217

保持平常心，方得"大自在" / 219

始终对生活怀有热情 / 222

第一章

人一辈子犯的错，80%是因为生气

生气是一种正常的情绪冲动，不过在心理学家眼中，这种冲动不仅毫无益处，反而是一种行为缺陷。人一辈子犯的错，大部分都是因为发脾气。如果连自己的情绪都控制不了，即便给你整个世界，你也早晚会毁掉一切。

第一章

人一辈子犯的错，80%是因为生气

野马结局：不生气是一种修行

在美国西部的草原上生活着一种野马，令人难以置信的是，它们的天敌不是凶猛的狮群，而是一种体形非常小的吸血蝙蝠。当蝙蝠叮在野马身上吸食血液时，暴怒的野马会想尽一切办法试图摆脱，或乱蹦乱跳、狂奔窜逃，或蹄子乱踢、撞击身体，很多野马都逃脱不了因此而死亡的命运。

值得思考的是，这些野马死去的原因并不是失血，毕竟蝙蝠体形小，它们吸食的血液对于体形庞大的野马而言可谓九牛一毛，真正导致死亡的，是它们的暴怒以及自我伤害行为。西方有一句十分经典的谚语——"上帝要想让他灭亡，必先使其疯狂"，其实在人类社会又何尝不是如此呢？

人人都会生气、愤怒，这是人身上的自带情绪，没有什么可奇怪的，但在现实生活中，有一部分人充分"发扬"了暴怒的威力：因一句话就大打出手者有之，为芝麻绿豆点小事大发雷霆者有之，有点摩擦就处处为难、针锋相对者亦有之……生气很容易，但在生气、愤怒的冲动情绪下，我们很容易做出一些不理智、不该做的事情，事后又常常会悔恨不已。其实生气解决不了任何问题，反倒容易激化矛盾。

生气往往是由外界刺激引起的，主要特征有三点：一是爆发的突然性，二是没有任何理智的盲目性，三是对愤怒时所做出的行动后果没有清醒的认知。具体表现在生活或工作中，往往是感情用事，鲁莽冲动，常因一时忘乎所以，导致情绪失控铸成大错。

如果不想和"野马"一样，因愤怒而亡，那么就必须要学会控制自己的情绪冲动，正如佛家所言"不生气也是一场人生修行"。

大梁身高一米八，长相帅气，家庭富裕，自己经营着一家小型会计师事务所，收入也十分丰厚，虽然算不上高富帅，但还是非常受异性欢迎的男性，然而令大梁百思不得其解的是，他处过很多女朋友，没有一个恋爱时间超过半年，更不用说愿意和他结婚了，所以34岁的大梁依然是单身。

其实，大梁在恋爱和婚姻上的受挫，与他暴躁冲动的脾气分不开。刚认识时，大梁往往表现得十分绅士，但一旦过了"热恋期"，大梁就会"原形毕露"。

第一任女朋友：就因为约会时，女朋友迟到了十分钟，大梁就忍不住爆发了自己的愤怒，他毫不顾忌地在公共场合大发脾气，甚至怒吼对方"滚"，当时女孩子又害怕又委屈，一边哭着一边走开了，冷静下来的大梁想道歉，可是对方却不再给机会了。

第二任女朋友：第一次恋爱失败的大梁，意识到了自己容易冲动发脾气，因此有意识地想找一个脾气温和的女朋友，第二任女朋友虽然温和，但这并不意味着对方总愿意逆来顺受。在大梁看来，两个人相处得很好，可实际上女朋友虽然嘴上没说什么，但都一一记在了心中，三个月后对方忍无可忍，在大梁毫无准备的情况下摊牌分手。

……

"冲动是魔鬼"，大梁之所以在恋爱中频频失败，就是因为他常常为愤怒失去理智，失去对情绪的控制，从而造成了对他人的伤害，进而导致了不可挽回的分手结果。

科学研究发现，人在生气和愤怒时，消耗的能量要比平时大得多，随着大脑能量的损失，自控力就会变得更加薄弱，最终促使人们做出"盲目"的行为，既伤害了他人，也给自己带来了麻烦。

伤敌一千自损八百，这可不是什么高明的做法，一个明智的社会精英，从不会在头脑发热时做任何决定，发泄情绪所产生的破坏力是非常巨大的，如果不想事后悔恨，不想因一时冲动而造成严重的后果，那么就必须要学会"不生气"，学会控制自己的愤怒情绪。那么，具体来说，我们应该怎么办呢？

首先，在想发怒的时候先想一想：我为什么很生气，我想发火的对象是谁,发怒能解决问题吗,如果不能很好地解决问题,是不是可以换一种方式……如果每次发怒前,我们都能这样自我剖析一遍,那么你发火的次数肯定会逐渐减少。

其次,要学会运用"延迟"之法,当你这一刻想发火的时候,不妨先转移一下注意力,延迟几分钟再来处理令你愤怒的事,"延迟"之法能够帮助我们尽快冷静下来,大大减少"愤怒"所带来的伤害以及其所引发的不理智行为。

所有烦恼都是自找的

人类的情绪多种多样,无论快乐、惊讶、恐惧,还是伤心、愤怒、厌恶,都是日常生活中不可缺少的插曲。然而,产生过多的负面情绪终究不是好事,它会让我们陷入无尽的烦恼中。

比如,听到一句攻击性或侮辱性的话,人的交感神经系统会兴奋起来,体内分泌出肾上腺素,然后心跳加快、血压升高,呼吸变得急促,随之产生愤怒。长期沉浸在负面情绪中,烦恼挥之不去,久而久之就会影响身体健康。

美国心理治疗专家比尔·利特尔研究发现,习惯把别人的问题揽到自己身上,沉浸在不可能实现的梦里,把矛盾和困难扩大化,盯着消极的一面不放……这样的人经常自寻烦恼,陷入消极的情绪状态中。

33岁,约翰·D.洛克菲勒赚到了人生第一个100万美元。43岁,他建立了"标准石油公司",日后发展成世界上最大的垄断企业。然而53岁那年,他却因为焦虑、恐惧和高度紧张,身体健康每况愈下。

当时,洛克菲勒患上了严重的失眠症,而且消化不良,精神趋于崩溃。医生警告他,必须在死亡和退休之间做出选择。最终,洛克菲勒选择了退休,并下决心"不在任何情况下为任何事烦恼"。

遵守这一生活准则,洛克菲勒保住了自己的性命。他不再忙于工作,学会了打高尔夫球、唱歌,和邻居聊天,有时间还会打理后院。此外,他还坚持做一些更有意义的事情———把数百万财富捐出去，为更多的人提供帮助。

得知密歇根湖岸边的一家学校因为抵押权而被迫关闭，他立刻展开援救行动，最后将它建设成举世闻名的芝加哥大学。

洛克菲勒尽力帮助黑人，也帮忙消灭十二指肠寄生虫。后来，专门成立了一个庞大的国际性基金会，致力于消灭全世界各地的疾病、文盲及无知。在他的资助下，医学界发现了盘尼西林，并进行了多项技术创新。

当"标准石油公司"被政府勒令支付史上最重的罚款时，洛克菲勒只是淡淡地说："哦，不用担心，我正准备好好睡一觉。"没有人能想到，多年前他曾因损失150美元而卧床不起。

这就是洛克菲勒，经过不懈努力终于克服了人生烦恼，并开创了"死于"53岁，但一直活到98岁的传奇。

真正的快乐与财富、地位、权力没有直接关系。恰恰相反，过分追逐名利、陷于繁杂的事务中会令人情绪失衡、身心疲惫，终日与烦恼为伴。保持良好心境与合理欲望，把烦恼抛在脑后，平日里大部分负面情绪会随之化解，整个人也会变得轻松自在。

心理学家做过一个实验：每周末的晚上，被测试者把未来7天担忧的事情写下来，然后投入一个纸箱里；三周后，心理学家打开纸箱，与被测试者逐一核对每项烦恼，结果其中90%的担忧没有真正发生。

随后，心理学家让每个人把这10%的担忧重新丢入纸箱中。又过了三周，再次查看以前担忧过的事，并寻求解决之道。结果，大家开箱后发现，剩下10%的烦恼已经不再令人忧虑了，因为他们已经有能力应对了。

可以毫不夸张地说，烦恼都是自找的。据统计，生活中的忧虑有40%属于过去，有50%属于未来，而92%从未发生过，剩下的8%都能轻松应付。

每个人都有七情六欲和喜怒哀乐，烦恼也是人之常情。但是，每个人对待烦恼的态度不同，所以各种负面情绪对人的影响也不一样。积极乐观的人很少自找烦恼，而且善于淡化烦恼，所以活得轻松、洒脱；而消极悲观的人喜欢自寻烦恼，纠结于某些人和事，终日闷闷不乐。

人生少不了各种麻烦，但是万万不可自寻烦恼。一旦遇到不顺心的事，不妨勇于承认现实，努力看开一点，积极寻求解决之道，重拾快乐和幸福。请记住一句话：烦恼就像天空的一片乌云，如果心中是一片晴空，那么它不会对你产生任何影响。

多反省自己，少怪罪别人

在现实生活中，有这样一类人：他们总在批评指责别人，却从不做自我批评；他们常常选择抱怨而不是反省自身。直接将责任推掉很容易，但这不仅徒劳无益，反而危害自己。虽然直接怪罪他人很简单，但那不过是一个虚妄的借口，事实往往欲盖弥彰。

当你怪罪别人，而不自我反省的时候，你就缺乏了对自己的认知，从而迷失自我。事实上，反省是进步的前提，不懂得反省的人在迷失自我的丛林中无法找到方向感。孔子曾说过："见贤思齐焉，见不贤而内自省也。"在现代社会，自省心同样非常重要。

琳达是一家知名外企的中层管理人员，不管是下属、同事还是上司，琳达和大家的关系都很融洽，唯独与同级经理杰克"不对眼"。

在公司的人事任命大会上，杰克曾当着众人的面公开反对琳达升职为中层管理人员，在琳达的印象里，杰克是一个非常友善的管理者，总是笑容满面，而且愿意帮助员工，他的反对声音实在是出乎意料。尽管杰克的反对并没奏效，但琳达却开始讨厌他"笑容满面"的样子，在她看来，这家伙简直是"虚伪君子"的典型，表面上很好相处的样子，背地里谁知道什么时候会给你一刀，实在太阴险了。

一天，琳达早晨上班时姗姗来迟，她背着包急匆匆地进入公司大门时，正好遇到了要出门办事的杰克，他笑着调侃道："琳达，你刚来吗？真是可惜，100美金就要离你而去啦！"琳达勉强笑了一下，就迅速赶到了自己的办公室。

琳达所在的这家公司，中层领导不用像普通员工一样天天打卡，如有外出活动或特殊情况可补交"工作外出"文件，所以基本不存在迟到会被扣工资的事情，杰克的调侃琳达根本没放在心上，只当他故意给自己找不自在。谁知道在下午的工作会议上，琳达居然被上级点名批评不守时，下班前还收到了人事部发来的100美金罚款通知，看完邮件的琳达立马怒火中烧，她认定必然是杰克干的好事，居然看到她迟到就去给领导打小报告，实在是可恶至极。

工作迟到，这本身就是一件不对的事情，但琳达没有反省自己，而是把自己被罚款的事统统怪罪给了杰克，为此她只要一找到机会，就对杰克冷嘲热讽，含沙射影地质疑对方的人品。

其实，并非杰克告密，而是恰巧领导找琳达，结果琳达没来，公司暂时又没有外出任务，电话也联系不上，因此领导才会在大会上批评琳达不守时。琳达自己也深知这一点，但她根本没有自我反省的意识，反倒把杰克当成了发泄的对象，两个人的关系也越来越僵。后来杰克得到提拔，成为分公司二把手，与杰克关系很僵的琳达，在公司的处境变得越发艰难。

人们怪罪别人，而不反省自己，更多的时候，是因为好面子，不愿承认是自己错了。他们在内心中认为，自己错了就会被别人看不起，就会低人一等，为了避免心理受挫，就会像琳达一样怪罪别人，硬撑着绝不承认是自己的错。

善于反思的人总是回过头来，查找自己的错误，为以后积累经验，以期将来做得更好。不反思的人却总是用一些似是而非的理由，将所有的错误撇得干干净净，认为所有的错误都是因为外部原因，因而去埋怨别人，将所有的责任都推给别人而不愿去承担。其实，这是一种怯弱的表现。

一个内心强大，善于自控的人，不会将错误归罪于他人，他们明白，没有自我反省，错误就会一直延续下去。只有少怪罪别人，多反省自己，才能了解自己的错误，从而坚持不断进步。唯有反省并正视自己的错误，才能找出自己的不足,进而让自己的自控力变得更加强大,不再犯同样的错误,不在同一个问题上摔倒。

虚荣是坏脾气的罪恶之花

这是一个物欲狂飙的时代,功名利禄,从来没有像今天这样赤裸裸过,利欲熏心也从来没有像今天这样有恃无恐。为了自己的虚荣而追名逐利,已经成为当今世俗定位的成功的标志。人,总是欲壑难填。

虚荣心是一种扭曲的自尊心,是自尊心的过分表现,是一种追求虚表的性格缺陷,是人们为了取得荣誉而表现出来的一种不正常的社会情感和心理状态。虚荣心最害人,要想让自己活得快乐,必须认清它的本质,努力摆脱和远离它。

现在的人,尤其是年轻人,他们喜欢大房子,喜欢开名车,戴名表,喜欢挥金如土,左右还时常有美女相伴。在他们看来,这才是有派头的生活。拥有一座大房子足以能证明房主的卓越能力,左右美女相伴则能证明这是个既有钱又有魅力的人。

事实是否真的如此呢?宽敞的房子比狭小的房子的确会感觉舒适,但自古以来舒适的生活必定会让人贪于享乐而忘记生活中随时出现的灾难。爱慕虚荣的人,一心只和比自己更高等的人攀比,稍有不满意的地方便会大发脾气,痛恨自己的生活没有别人舒适,于是便想方设法去满足自己的虚荣心,这也许便是当下腐败丛生的原因之一吧。

还记得莫泊桑《项链》中的那个玛蒂尔德吗?为了去参加一个舞会,玛蒂尔德向朋友借来了一条钻石项链,的确,那天晚上她成了众人瞩目的焦点,但是一夜的狂欢之后,她发现自己把那条"昂贵"的项链弄丢了,她不得不买了一条一模一样的项链还给了朋友。为了买这条项链,玛蒂尔德一家不但倾家荡产,而且还四处举债。为了偿还债务,她付出了自己最宝贵的青春年华。当她终于还清了债务的时候,却得知自己最初借到的项链是假的,根本值不了多少钱。这样的结局是多么具有讽刺意味啊!

那是怎样虚荣的一个女人啊!她根本不懂得人的高贵岂是一条项链能带来的!富裕的生活的确让人羡慕,很多事情是没有钱便无法做到的,但这并不是说不富裕的生活就没有乐趣可言,只要自己自立、自强,生活得坦荡,即使是贫穷一些也是幸福的。只要你自己能够看得起自己,只要你愿意为了自己的生活去努力,去拼搏,这就足够了。

张建出生在一个普通的工人家庭,因为是家里的独子,父母把所有的爱都倾注到了张建身上,家里虽然并不富裕,但一家人生活得平淡而温馨。

幸福的生活并没有持续太长,在张建八岁那年,母亲因不甘心贫穷的生活,与一个有钱的老板私奔了。此后,父亲一个人含辛茹苦地把小张建抚养长大,日子过得很是艰辛。

张建从小便十分懂事,成绩也一直名列前茅。高考时,他以全县第一的分数考入了北京某重点大学经济系。在校期间,他积极参加学校的各项勤工俭学活动,几乎没有向父亲要过一分钱。

大三那年,他认识了外校的一位女生,他们一见钟情。虽然女友并没有要求张建什么,但受母亲阴影的影响,他总是觉得女人与金钱是脱不开关系的,所以每次去见女友前,他都会向同学借来一套笔挺的西装,两人出去吃饭也出手相当阔绰。

毕业后,张建找到了一份中外合资公司会计的工作。工资虽然可观,但他的虚荣心却促使他不停地想办法去发财。不久后,他学会了炒股,开始还算小打小闹,后来竟然瞒着女友四处借债投入到股市当中。一年后,他债台高筑,女友不得不将自己辛苦挣来的几万元钱为他还了债。

张建觉得让女人为自己付出是件丢人的事,他想挣更多的钱去让女友过上有钱人的日子,于是便经常利用职务之便,通过做假账挪用公司一百万元巨款。案发后,张建被判处有期徒刑十年。

由于虚荣心作祟,张建的宝贵青春终将在监狱中度过。

虚荣是一种虚假的荣誉,它可能使你得到一时的满足,却会使你背上沉重的包袱，满足虚荣的东西一旦失去，你便会雷霆大发，甚至做出违纪犯法的事来。其实，不管贫穷还是富有，只要找到自己的本真，心态平和，笑看世间风起云涌，便是有意义的人生。

提高抗压能力，别让坏脾气伤人又伤己

当今社会，随着工作生活节奏的加快，对应的压力也越来越大，人的情绪常会处于一种持续紧张状态，如果这种紧张适度，则有利于健康和进取，而如果过分紧张、忧虑，心理抗压性不强，再加上心理疲倦被压抑在内心深处，久而久之，人便变得低沉、烦躁不安了。这种烦躁不安的情绪会像传染病一样迅速蔓延，伤人伤己。

而避开压力并不能使你出类拔萃。你见过温室里的花草吗？那些花草在温室里茂盛鲜艳，可是一旦走出温室，它们就会因适应不了外界环境而迅速枯萎。花草受到过度的保护后会丧失抗压能力，没有了保护，它们的生命力就会下降，直至死亡。

你喜欢运动吗？据一项研究证明，运动上的一切进步都来自于压力的刺激。每一位运动选手都不能惧怕、逃避压力，相反还要借助压力，达成梦寐以求的突破与自我超越。著名的压力心理学家塞勒一针见血地指出："没有压力，就等于死亡！"

你现在是否已婚？婚姻生活中夫妻俩都会面临来自各方的压力，当难以抵抗这种压力时，他们就可能爆发，变成了"火药桶"，导致感情破裂。这时，只有不断提高自己的抗压能力，增强内心的能量，多低头，多退让，才能缓和夫妻矛盾。否则，还是伤人伤己。

所以，若想成为出类拔萃的人，我们一定要有足够强的抗压能力。因此，你必须努力扩展自己的载压量，就像为了预防出现交际危机，提前做好各种沟通计划一样，为了面对生活和工作中可能出现的挑战，你也应该准备不同的压力应对方案，而且还要把它变成像吃饭睡觉一样轻车熟路。

有一位经验丰富的老船长，一天，他的货轮卸货后在浩瀚的大海上返航，突然，海面上刮起了可怕的风暴。年轻的水手们惊慌失措，不知该如何是好，老船长则非常冷静，他命令水手们立刻打开货舱，往里面灌水。

"往船舱里灌水会使船下沉，这不是自寻死路吗？"水手们纷纷表示着不理解。但看到老船长坚毅的神情，他们还是照做了。

随着货舱里的水位越升越高，船也一寸一寸地往下沉，而依旧猛烈的狂风巨浪对船的威胁却在一点一点地减少，最后竟然平稳了。

看着水手们还是疑惑不解，老船长说："百万吨的巨轮很少能被风浪打翻，被打翻的都是一些根基轻的小船。船在负重的时候，是最安全的；空船时，则是最危险的。"

空空的货船本没有多少压力，当它遇到风暴时，只有增加它的抗压性，才能安稳渡过。货船如此，人更如此。

在某山区的著名旅游景点，有一段被当地人称为"鬼谷"的路段，路窄坡陡，两边是万丈深渊，从它上面走过去比那些玻璃栈道还要有挑战性。每当来到这里，导游们总是要让游客们挑点或者扛点什么东西。

"这么危险的地方，不拿东西已经两腿打颤了，再负重前行，岂不是更危险吗？"很多游客都深表不解。

导游小姐笑着解释道："这里以前发生过好几起事故，都是游客们在毫无压力的情况下失足掉下去的。可是当地人每天都从这条路上挑着东西来来往往，却从没有人出过事。意识到危险了，再负重前行，反而会更安全。"

遇到压力，逃避不是办法，应从自身出发，提高抗压性，淡定地应对，而不是遇到压力就狂发脾气，对同事、对朋友、对亲人，到头来，众叛亲离，他人痛苦，你也亦然。

提高抗压性的方法很多，适合你的才是最好的。

第一，要保证睡眠充足。充足的睡眠不但可以解除疲劳，使人产生活力，还可提高免疫力，增强机体抗病能力。缺乏睡眠，精神会疲惫不堪，哪还有精力去与压力对抗？所以，睡眠充足，是提高抗压性的首要条件。

第二，了解压力的根源。你到底面临着什么样的压力？是工作，是家庭生活，还是人际关系？如果认识不到问题的根源所在，就不能够彻底解决问题。因此，要尝试自我了解压力的根源，必要时可以咨询专业的心理医生。

第三，培养乐观人格。调整完善自己的人格和性格，控制自己的波动情绪，以积极的心态迎接压力的到来，如对待晋升加薪应有得之不喜、失之不忧的态度，通过这些以提高自己的抗压能力。

第四，认清自己所面对的问题，寻找适当渠道的支持，也是提高抗压能力的方法。尽量寻找自己可依赖的人，如朋友、亲人，或是心理咨询、社区机构等，倾吐心声是疏解情绪压力很重要的方法之一。

第五，幽默可以化解烦恼，释放情绪，并使人不断体验愉悦心情。幽默不仅可以提高一个人的抗压能力，还可以提高一个人的创新思维。幽默是一种易于让人接受的批评方式，它可以用于解嘲，避免难堪局面。

如果你感到生活和工作压力过大，还可以有意识地多吃些橙子和多喝些橙汁，据医学专家分析，当一个人承受强大的心理压力时，身体会消耗平时八倍的维生素C，维生素C不足，会使脑神经机能降低，一些负面情绪便会随之出现，而橙子正是富含维生素C的食物。

当你实在无法把压力转化时，最好的方式当然还是放下。禅说："一念放下，万般自在。"放下才能得到解脱。只有该放下时放下，你才能够腾出手来，抓住真正属于你的快乐和幸福。

喜怒不要表露在外

不公平的事、意料之外的事、烦心的事每天都在发生，我们的心灵总在经受着各种冲击。情绪的波动常常使我们难以专心学习、生活、工作，人际关系也会因此受到很大的影响。

不良的情绪犹如一颗定时炸弹，不及时拆除的话就会让人时时提心吊胆，拆除的方法不对也会引发灾难。所以，当你感到极端厌倦、压抑时，需要通过宣泄来排解内心的积郁，取得心理平衡时，请慎重地选择最有效的宣泄不良情绪的方式。

有的人不考虑时间、场合随意宣泄，总是把喜怒哀乐挂在脸上，其实是人格不成熟、控制情绪能力较差的表现。这样的人一旦遇到些烦恼，不良的情绪就会如洪水猛兽般冲破理智的闸门，冲毁平日小心翼翼营建的友情、亲情和自我形象。所以，寻找一种合适的宣泄方式非常重要。所谓合适的宣泄方式就是既不会为自己和他人留下遗憾，也能使心灵得到解脱的方式。合适的宣泄方式能使一切都回到好情绪时的样子，能让你脸上永远只有微笑，进而融洽地与人相处，继续高效地完成自己的工作。

将不良情绪转嫁到无辜者的身上，是没有涵养和无能的体现，让人鄙视，遭人唾弃。虽然你也是不良情绪的受害者，被不良情绪控制着、折磨着，但是，你将不良情绪时刻表露出来，就会使它像流行感冒一样迅速传播、四处蔓延，让许多无辜之人受到牵连。所以，当你被残酷的现实逼迫，被无情的生活干扰时，应该成为坏情绪的终结者，让坏情绪消失在自己身上。

在学校的大门外，有一家一个人打理的咖啡馆。咖啡馆的老板名字叫珀西。珀西大叔四十多岁，现在一个人生活。同学们都喜欢来这家咖啡馆休息，因为这里总是给人一种很温馨静谧的感觉。

珀西大叔从来都是一脸微笑。没有人能看得出他哪天非常高兴，哪天又沮丧至极，这也是同学们喜欢这家咖啡馆的原因。同学们总是说："每当我们见到珀西大叔时，他总是在微笑。那种微笑就像春天的阳光，把一切阴霾都给驱散了。我们很喜欢到珀西大叔家，要一杯咖啡，翻开一本书，享受一个静谧的下午。"

许多同学都很好奇，难道珀西大叔从来都没有遇到过烦心的事情吗？他为什么能这样平静地生活？有一位非常活泼开朗的同学很快和珀西大叔成了忘年交，在他的催问下，珀西大叔讲述了他的故事。

第一章
人一辈子犯的错，80%是因为生气

珀西大叔原来在美国的阳光海岸生活，有一个幸福的家庭。他是中学教师，妻子是政府工作人员。但是幸福总是短暂的，在他四十岁那年，他的妻子得了癌症离开人世了。不多久，他的儿子又在一场车祸中不幸身亡。当时的珀西大叔几乎失去了生活的勇气，他在街头流浪了整整一个星期不愿意回到冰冷的家。有一天晚上，他在废品站碰到了一个流浪汉。那是位老人，七十岁左右，他拍拍珀西的肩膀说："伙计，没有什么事情是过不去的。把眉头舒展开，不要对困难低头，看看上帝到底要怎么折磨你。"

那天之后，珀西大叔搬家了。他把过去的痛苦都留在原来的家里，开始赌气似地把心肠硬下来。后来，他发现很多人都愿意跟他交朋友，说和他在一起很安逸。珀西大叔这才明白，原来不把喜怒哀乐表露在脸上，不仅能让自己觉得舒服，也能让别人愿意接近你。

选择合理的宣泄方式，不把喜怒表露在脸上的人是睿智的。与他们为伍，犹如徜徉在和煦的晚风中，漫步在成熟的稻田间，徘徊在幽静的山林里，总能感到温馨、轻松和快乐。他们以明媚的笑容对待他人，用平静的心态迎接生活中的每一天，不怒不嗔，无怨无悔。苦难中的他们是狂风中坚劲的松柏、海浪中坚固的巨轮，以一副泰山崩于前而镇定自如的态度屹立、前行、永不退缩。

坏情绪的传染者往往冲动暴躁、喜怒无常，一不小心就会促动火山机关，被岩浆灼伤，被死灰覆盖；而坏情绪的终结者从来不把喜怒哀乐表露在外，他以平静的心态、明媚的笑容在身边营造出温馨的春天，让人们愿意接近他、结交他。

别拿无法挽回的损失折磨自己

人生不如意之十之八九，没有人能够一帆风顺地度过一生，没有坎坷的人生是不完整的。面对不顺，我们应该保持冷静，心平气和，而不是怒火中烧。你可能为自己犯下的错误而懊恼，你可能因为自己无法挽回的损失而自责。要知道,如果我们一味地揪住过去的自己不放,一味地揪住过去的错误而惩罚自己,折磨自己,那么我们的生活会变得一团糟。假使我们面对错误,用机智代替愤怒,我们就会心情愉悦,紧接着下一份工作或任务,也会做得更出色。

很多事情,事情发生了就是已经发生了,既然无力改变现状,也无法弥补现状,那我们做的更多的应该是学会冷静,学会理性的面对。当你遭遇不顺,所有的办法都无能为力,而你郁郁寡欢,不仅仅是浪费自己的时间和精力,而且于事无补,你甚至无心生活或者做工作中的任何事情。

契科夫在《生活是美好的》里曾经这样写道:"如果火柴在你的口袋里燃烧起来,你应当为此高兴,并衷心地感谢上苍,幸好你的口袋不是弹药库;如果你的手指扎了根刺,你也应当为此感到高兴,并衷心地感谢上苍,幸好这根刺不是扎在眼睛里。"他用他的智慧告诉我们,当你面对不幸,不用悲伤,不用发怒,坦然地去接受自己的生活。生活在为我们关上一扇门的时候,也一定会为我们打开一扇窗。

忍一时风平冷静,退一步海阔天空。有些事情已然发生,与其为此愤愤不平,抱怨自己,责怪身边的人,让原本不幸的情况变得更加糟糕,不如学会坦然地面对你周围的人和事情。当你感到上天对你不公平,当你感到委屈时,不妨仰望天空,没有必要非得让你和对方都过上残忍不堪的生活。如果你克制不了自己的情绪,那么到头来,受伤害的终究会是自己,而你周围的人早已从不幸中走出,开始新的工作和生活。

小李是某大学毕业的一名毕业生,毕业后凭借出色的成绩和专业功底进入一家私企上班。刚刚上班的他做事谨慎小心,兢兢业业,深得老板的赏识。而在小李所任职的部门中,其员工大多是名牌大学毕业,有些甚至是研究生。因此,小李更清楚自己的能力,他认为尽管自己学历、资历不如他人,但是他可以更加努力,为公司做出不错的业绩。因此,他每天加班加点完成老板交代的任务。

在一次项目策划中,老板交给小李以及公司其他员工共同完成这份

第一章
人一辈子犯的错，80%是因为生气

工作，老板并再次强调这份任务的重要性，并且不允许出任何差错。为此，小李及其他几位同事都高度重视，他比以前更加认真努力。本以为一切都水到渠成的时候，在提交策划书的当天，因为小数点的似有似无，公司的合作方觉得是对方不重视这次合作，这次谈判以失败告终。

事后，老板非常生气，小李以及其他几位员工都受到了惩罚，取消年终奖，小李更被调到了其他部门，从事最基本的工作。为此，小李进行了不断的反思，反思问题到底出在了哪里，给公司带了这么大的损失。那段时间的小李好像是换了个人，不爱说话，每天下班之后就喝得乱醉如泥。

有一天，老板在视察工作时，发现了小李的这种状况，就告诉小李："你是一个很有能力的人，公司的损失是你们共同造成的，又不是你个人，不要拿无法挽回的损失折磨自己。既然损失巨大，那你更应该努力，挽回工作的损失。"之后，小李豁然开朗，他不断地反思自己，又回到了原来的工作状态。三年之后，他已然成为了公司的部门经理。他告诉我们，不要拿无法挽回的损失折磨自己，既然无力改变，就要学会勇敢接受，在以后的工作中做到更好。

当时如果他的老板没有点醒他，那现在的小李又会怎样呢？以前的他不够睿智，总是停留在自己的失误上，觉得是自己一个人的错，这分明是用无法挽回的损失来折磨自己。而正是因为老板的聪慧，他才有了今天的成就和改变。学会看淡，学会冷静地处理既需要我们的勇气和胆量，也需要一颗勇敢和大度的心。

我们的人生还有很多美好的事情等待我们去发现、去体会，如果我们把整颗心都放在过去的错误上，时时刻刻觉得那是自己的错，不肯原谅自己，那么这样的你将永远不是一个快乐的人。我们的生命是短暂的，还有还多值得我们去追求的事情。我们没有必要把时间和精力浪费在既定事实上，不能选择浪费时间，不能被无法挽回的损失而打垮。

反过来说，当事情已经发生，如何面对才是最好的办法呢？

（1）大胆地告诉自己，过去的终会过去，所有的这些都会成为自己一生的财富。

　　没有人不犯错，没有人不失败，而这些犯过的错误和失败都会成为人生的财富和沉淀。面对错误和失败，我们不是选择永远停留在这一点，不知该如何选择。对于我们而言，正确的方法就是学会从错误和失败中反思，汲取教训，下一次提醒自己千万不要在同样的地方摔跤，告诉自己，这样的你只有一次，不会出现第二次。所有犯过的错，走错的路都会成为我们人生的重要经历和财富。

　　（2）学会放松，给自己心情一个假期。

　　当既定事实已经无力改变，你要选择放松自己，给自己心情一个假期。你可以为自己倒一杯热水，当水凉的时候就是你重新开始的时候。给自己放个假，去看看美丽的大海和草原，在大自然中全身心地放松自己，享受大自然带给你的美好。当你度假回来，重新开始新的工作和生活，此时的你又是一个全新的你。

　　（3）展望未来，以后的你要更加谨慎，更加努力。

　　损失无法挽回，千万不要去折磨自己。以后的你要注意这些问题，告诉自己现在的损失以后都要弥补回来。只有这样，你才能更加努力，才能全身心地投入工作，才可以弥补原来的损失，才可以过得更加充实。记住，未来是值得每个人憧憬的，它需要我们用心去经营。

　　总之，当事情已经发生，当损失无法挽回，学会坦然地接受，学会理性的面对。不要生气，不要自责，无须折磨自己，你的未来还有很多值得你去做的事情，没有必要为这些无法挽回的损失而去做愚蠢的事情。

　　遇到不顺的事情，遇到无法挽回损失的情况，每个人都会感到委屈。但是因为这些已然无法改变的事情就去折磨自己、怨恨他人、抱怨自己是件非常不理智的事情。折磨自己不仅不能解决任何问题，还会为自己带来更大的负面情绪，甚至影响以后自己事业的发展。

第二章

能调控自己脾气的人,就掌控了生活的晴雨表

愤怒只会让人一时痛快,却会带来人际关系恶化、决策失败、计划搁浅等一系列后果。任何一个成功人士都不会轻易被"愤怒"主宰,他们对自身的情绪都有着非凡的自控力。可以说,能调控自己脾气的人,就掌控了生活的晴雨表。

第二章

能调控自己脾气的人，就掌控了生活的晴雨表

控制不住火暴脾气，何来好人缘

这是一个人际关系的社会，人脉即财脉，能否顺利地把人脉关系网织起来直接关系着事业的成败。纵观古今中外的成功人士，无一不是社交的"宠儿"，不管走到哪里都是人们的焦点，都会受到人们的热烈欢迎。拥有"好人缘"不一定会成功，但一直持续成功的人很少有"孤家寡人"的身影。

俗话说"好言令人三冬暖，恶语伤人六月寒"，尤其是在社交场合，怎么说话、说什么话至关重要。不过在现实生活中，总是会有一些脾气火暴的人，头脑一发热，他们什么话都说，根本不会顾及场合以及他人的脸面，因此很容易得罪人。

大华有个外号"炸药包"，这是大华所在公司的同事们偷偷起的，因为大华这人的脾气非常大，稍微一点火星，都能演变成燎原之火。

这天，年近不惑的大华穿了一件红色T恤，同事小A看到后开玩笑调侃道："大华这件衣服真亮眼，不过看起来好眼熟，啊，我想起来了，我上大学的表弟也有一件。"大华听完这话非常生气，这不明摆着讽刺我装年轻吗，脾气火暴的他立马开启了"战斗模式"："你什么意思？想找碴直说，我不怕你……"最后这场争吵还是在领导的劝说下，才得以平息。

第二天午饭休息时间，几个女同事聚在一起，八卦着大华与小A的争吵事迹。"昨天炸药包又被点着了，小A也真是倒霉，本来一句玩笑话，谁知道大华当真了，而且还发那么大脾气，吓死宝宝了。""一句玩笑话引起的血案，如果没领导劝解，估计真的会血溅当场。""你们又不是不知道大华那个暴脾气，生起气来，谁的面子都不给，为了避免像小A那样被误伤，还是离大华这个'炸药包'远点比较安全。"谁知这话被旁边经过的大华听到了，他立即怒火中烧，脸红脖子粗地质问道：

"谁是'炸药包'？今天你们不说清楚，谁也别想走。"……接下来自然又是一番好吵。

在与同事的相处中，大华容易发怒，在工作当中也是如此，在公司全体大会上，就因为领导否定了大华的工作方案，他愤怒地把文件往桌子上一摔就夺门而出，没办法下台的领导又尴尬又内伤，还是其他人打了一个圆场，会议才得以正常进行下去。

由于脾气火暴，时不时对同事以及领导发火，因此大华在公司的人缘可谓非常糟糕，几乎是人人都避着走，如此一来升职加薪自然没有大华的份，毕竟人事部的任何决定都要顺"民意"而为，因为大华一个人惹怒众人，绝对不是什么明智之举。

朋友多了，路才能更好走，人在社会上行走，要想拥有一个好人缘，首先必须懂得处理人际关系，没有人愿意时时迁就像大华这样脾气暴躁的人。所以一定要控制住自己的火暴脾气，说话做事都要尽可能平和，减少"火药味"，只有这样才能留下回旋的余地，才能与他人建立起比较好的人际关系。

那么，如何才能控制住自己的火暴脾气，经营出好人缘呢？

（1）不要让你的怒气扩散。

在现代社会，人脉是安身立业的根本，好人缘能够让我们在事业上如鱼得水，左右逢源，没人缘则会处处碰壁，举步维艰。如果不想让你火暴的脾气吓走你的贵人，那么从现在开始，请控制你的怒气不要扩散，以免波及他人，愤怒时不妨采用自我化解、自我发泄的办法，千万不要把怒气发泄到别人身上。

（2）不要与他人发生冲突。

不论对方的言行令你多么愤怒，都不要与他人发生冲突。适当的忍让和妥协不是"没出息"，更不是"胆小怕事"，当你被激怒时，再用同样的方式激怒别人，不仅不会解决问题，还会激化矛盾，成为众人眼中的"笑料"，所以何必用别人的无礼来惩罚自己呢？愤怒时不妨会心一笑，这才是真正智慧的应对之策。

第一章
能调控自己脾气的人，就掌控了生活的晴雨表

一屋不扫何以扫天下，一个人连自己的火暴脾气都控制不住，又怎么可能掌控世界？别让你的"愤怒"害了自己，没有对情绪的强大自控力，就只能沦为情绪的傀儡和奴隶。

要想事儿顺，先得气儿顺

日常生活中，与人打交道的时候难免会发生口舌之争。这是因为，每个人的想法不一样，利益诉求不同，所以总会出现这样那样的矛盾。对此，聪明的人会先把闷气顺下去，凡事以和为贵，避免和人发生争论，从而赢得别人的好感，把该办的事情办好。

想把事情办得妥妥当当，离不开当事人良好的心境。首先，必须和和气气，因为要想事儿顺，先得气儿顺。在办事的过程中，有损别人面子的事情一定不要做，有损别人面子的话一定不要说，这样，就会收获更多的朋友，给事情增添更多的人气，那么事情就好办了。相反，如果不给别人面子，得理不饶人，为一件小事大动肝火，就会让人觉得不可靠，自然事情就没那么好办了，最终只能品尝自己酿造的苦果。

在人际交往中，无论你跟谁共事，要想创造辉煌业绩，首要条件是双方把气儿理顺了，然后才能默契配合，合作努力。所以，你必须严于律己，热情待人，努力营造愉快祥和的气氛。要知道，掌握与人和平共处的技巧，是日后事业成功的关键。

人与人之间的交往其实是一个互动的过程，所以我们尊重、友善、和气的态度也都是一个互相促进的过程。工作以及生活中短暂的瓶颈和困难，需要理性应对。凡事想到别人的好处，看到他人的友善，你会发现生活到处充满了欢歌笑语、鸟语花香。而对那些阻碍我们办事的人，要用一颗宽广的心去包容他们，想想他们的好，先把气儿消了，才能冷静地分析出事情存在的问题。

而这样一个乐观开朗、积极向上、以宽待人的人，就像是一块散发着吸引力的磁铁一样，让别人在不自觉中向他靠近。相反，一个脾气恶劣、

喜怒无常、暴躁狂妄的人，就像一只长满刺的刺猬一样，让人唯恐避之不及。其实，在办事的时候，这两种性格的人会表现出截然不同的效率。和气的人不仅能把事情办好，还有可能会有意外收获。

今天，美国著名的杂志 MONEY 可谓风靡全球，而在它的幕后是位宽容大气的女发行人——蓓西·马丁，她总揽杂志的发行、公关与广告事务。当然，这一切的成绩都是她努力拼搏得来的。

多年以前，公司刚刚把业务推广到新英格兰地区，便派蓓西·马丁一个人去运营，于是她成了那里唯一的业务员。有一天下班的时间快到了，蓓西正在收拾东西，这时电话铃响了。她拿起电话，原来是广告代理商富兰克林的电话，那位广告代理商是马丁最大的客户——富达投资公司的代理人。蓓西还在纳闷，这时候富兰克林先生有什么事情，结果还没等说话，富兰克林就在电话那头大发雷霆，大骂一通。原来，蓓西把一张重要发票上的某一个重要项目填错了。

蓓西知道自己理亏，便想着缓解矛盾的方法，她对富兰克林先生说："很抱歉先生，我没听清楚您在说什么，我会好好查一查这边的资料，明天早上就给您回复好吗？"可是这样的解释对富兰克林先生没有一点作用，富兰克林先生还是不停地咒骂，非要蓓西把事情说清楚。蓓西看在他是新英格兰最大客户的分上，只好忍着听，可是，富兰克林越骂越上瘾，丝毫没有要停的意思。蓓西再也忍受不了了，对富兰克林说："您再骂下去，我也忍受不了了，就算是我的问题，但您这种状态我们实在没法交谈！"可是就算蓓西这样说了，还是没起到任何作用。最后，蓓西终于找了个话缝说："如果你想骂我，当面骂我一顿不是更解气吗？我离你那里也不远，我现在就过去，好吗？"

"算了，我很忙，没工夫理你。"说完，他就挂断了电话。当天晚上，蓓西也顾不得吃饭了，把所有相关的资料查看了一遍，做好一切准备，决定不请自去，和富兰克林先生面谈一下。蓓西认为，这样可以表现出自己解决问题的诚意，改变自己处于被动的地位。另外，电话里骂人的话在见面时一般都说不出口，况且还是一个年纪轻轻的女孩子，一般会

第二章
能调控自己脾气的人，就掌控了生活的晴雨表

容易让人原谅的。

不出蓓西的料想，富兰克林先生对她的到来感到很惊讶，怒气也渐渐降下去了，他以最快的速度调整好自己，开始与蓓西分析问题的所在。之后，富兰克林越来越佩服这位勇敢温和的女孩，最终他们成了很好的朋友，蓓西在事业上也多次获得富兰克林先生的指导和帮助。

其实，在日常工作中，难免会有些失误，让老板或客户不满意。出了问题就要解决，但首先该解决的是人的心情问题。出了事谁的心情都不会很好，所以首先要调整心态，把气儿给理顺了。自己只要放宽心一般能把自己的怒气降下去，如果是对方气不顺的话，你就要迅速采取有效行动，把他的心情理解透了，让他"气儿顺了"，什么都好商量。这样做会给对方留下很好的印象，最后还有可能成为很好的朋友。

对于一些矛盾争执，并不是不可调和，是因为很多人都习惯用自己的气场压过对方，在唇枪舌剑中争个你死我活，据理力争地证明自己是对的，别人是错的。越是气急败坏，事态的发展就越糟糕。所以，在我们不得不面对别人的暴怒和生活的不如意的时候，要以和为贵，不要逞一时之气，落井下石，将别人批斗得一无是处。生活是一个圈子，没有人能一帆风顺，说不定哪天有什么事要用到对方。很多经验教训告诉我们，想要有效且及时地解决问题，就必须做到心平气和，只有气儿顺了，事儿才能顺。

学会用努力战胜怒气

先讲这样一个故事：一个很自以为是的人到处向人炫耀自己的才华，可惜一直都得不到赏识和重用。为此，他愁肠百结，异常苦闷。终于有一天，他再也忍受不了这样的境地，怒气冲冲地找到上帝，质问上帝："为什么你对我如此不公平，我满腹才华却无用武之地？"上帝听后笑了笑，并没有立刻回答，只是随手捡起了一颗很不起眼的小石子，并把

它扔到了乱石堆中。

随后，上帝对这个人说："你去把刚才我扔掉的小石子找回来。"这个人不知道上帝的用意，便跑去寻找，可是，他翻遍整个石堆都没有找到。这时，上帝将自己手上的金戒指摘下来又扔到了那片乱石堆之中，让这个人再去把这枚金戒指找出来。这一次，这个人竟然一眼就看到了金戒指所在的位置，并且毫不费力地把它捡了出来，上帝看看他，什么话也没说，但这个人却突然醒悟了：自己只不过是一颗小石子，抱怨发怒并不能增加自身的价值，只有努力磨炼成一颗金子时，才能真正地被人发现。

生活中，经常会碰到这样的人或事：有的人上班迟到了被老板大骂一通，老板一走就开始生气，抱怨天气不好，抱怨交通拥堵，抱怨司机开得慢，各种愤怒的理由涌上心头，可是为什么自己不能把时间提前一点呢，为什么自己不能努力做得好一点呢？

其实，愤怒并不能帮助我们解决任何问题，不仅如此，无论在人际交往还是对身心健康来说，它都会对我们产生负面的影响。一个正在发怒的人，他的理智受到限制，是无法与正常人交流的，另一方面，从医学角度来讲，人在发怒的时候，体内的血液会加速流动，从而导致高血压等疾病的发生。

当然，发怒是一种正常的情绪表现，把心里的怒气发泄出来比一个人独自生闷气更有助于身心健康，但值得注意的是，在目前的状况不能立刻改善的时候，不是发怒就能解决问题的。所以，我们应该采取更好的方法——用努力战胜怒气，通过自己的奋斗来改变自己的境遇，而不是无所作为地怨天尤人。

在英国有个叫奥古斯汀的人，拥有着大片土地和豪华气派的庄园，谁能想到在他年轻的时候，家里的土地还不及现在的万分之一。那他是怎么从穷光蛋变成富翁的呢？奥古斯汀年轻的时候家里非常穷，他也会经常抱怨上帝，而每次抱怨的时候，或是跟别人起了争执忍不住发怒的时候，他都会以很快的速度跑回家去，绕着自己的房子及土地跑三圈，

第一章

能调控自己脾气的人，就掌控了生活的晴雨表

跑得累了就在旁边休息。

而跑完之后，奥古斯汀都会非常勤奋地工作，努力地挣钱，于是，日积月累之下，他的财产越来越多，他拿这些金钱买了更多土地，修建了更好的庄园。可是，不管他的财富有多少，只要忍不住生了气，他还是会绕着房子和土地跑上三圈。周围的人都感到很奇怪，看不懂其中的奥秘，可是当他们向奥古斯汀询问这件事时，奥古斯汀只是笑而不语，没有要回答的意思。

经过一生的努力，奥古斯汀的财富已经在当地数一数二了。时光渐渐流逝，他的房子越来越大，土地越来越多，人也变得越来越老，可是唯一没变的就是坚持了大半辈子的习惯：只要一生气，就去围着房子跑三圈。

这一天，他又发怒了，可是因为年迈再也跑不动了，而且房子太大，路程也就加长了，但他仍然坚持拄着拐杖慢慢地行走。等他走完三圈，已经累得连拐杖都扶不住了，一直跟随他的孙子实在不忍心，就劝他："您都这么大年纪了，而且这里也没有人比您的土地再大了，您不能再像从前那样一生气就绕着土地跑啊。您可不可以告诉我这个秘密，为什么您一生气就要绕着土地跑上三圈呢？"

奥古斯汀看看可爱的孙子，终于说出隐藏在心中多年的秘密。他说："年轻时，我一生气就围着房子跑三圈，在跑的过程中我会对自己说：'我的房子这么小，土地这么小，我哪有时间、哪有资格去跟人家生气呢？'一想到这里，气就全消了。于是就把所有时间用来努力工作。"

而孙子紧接着问道："那您现在已经成为最富有的人了，为什么还要围着房子走呢？"奥古斯汀笑着说："因为我现在还是会生气，这时候走着会想：'我的房子这么大，土地这么多，我又何必跟人计较呢？'一想到这里，气也就消了。"

当一个人事事不顺意的时候，很容易进入生气的沼泽，无法自拔。他会抱怨上天，甚至把所有的责任都赖在上帝一个人身上。经常发怒的人大多非常悲观、消极、自暴自弃，可越是这样，越不从自身找原因，

越不努力，事情就越做不好，命运便无法改变。生气就像是自己饮下了毒药，却等待别人为此丧命。只要凡事往好的方面想，朝更积极的方向前进，一切问题都不会成为问题。

众所周知，世间万物自有它存在的道理，只靠着我们的念想是不可能有任何改变的，所以这时候发怒是毫无作用的。就像你不喜欢某个人，但这个人并不会因为你不喜欢而在这个世界上消失；你也可以对一些事情存有异议，但它们不会因为你存在异议就没有了。

所以，痛苦磨难固然可怕，但我们无法阻挡人生这条航线上的暴风骤雨，如果你一味地抱怨这些风浪，生气发怒，疲劳将始终纠缠着你，失望将一直笼罩着你。其实，只要我们再努力一些，再强大一些，成功也就离你不远了。所以，必须学会用努力战胜怒气，是每个人一生的功课。

克服焦虑：摆脱乌云笼罩的生活

在现代社会中，焦虑已经成为不少都市人的心理通病，不管是大人还是孩子，不管是职场人还是读书的学生，也不论是男人还是女人，都充斥在焦虑的情绪当中。即便是非常有趣的电影也没有耐心看完，坐在椅子上没十分钟就感到十分烦躁，不管干什么都非常急躁、缺乏专注力……实际上，这些行为都是"焦虑"的信号。

从专业心理学方面来讲，焦虑有很多外在表现，人在内心焦虑时往往会无意识地抿嘴，轻咬嘴唇，走在大街上会不自觉地将手提包、笔记本等抱在胸前，谈话时习惯两只手靠在一起或玩弄手指、钥匙、笔等小物品等。如果你有上述这些习惯性动作，那么基本可以断定，你已经被"焦虑"的乌云笼罩了生活。

焦虑虽然不是严格意义上的心理疾病，但长期处于焦虑状态会对人的心理健康产生非常负面的影响，甚至把一个原本正常的人折磨得无法正常工作和生活。

第二章

能调控自己脾气的人，就掌控了生活的晴雨表

文凯是一家跨国企业的法律顾问，在日常的工作中，他是一个尽职尽责的职员，但在一次聚会中，他却向好朋友抱怨，"最近工作压力好大，我整个人的状态都不好，像一根绷紧的琴弦，又焦虑又没有耐性，连晚上下班和周末都放松不下来，晚上失眠得厉害，周末想多睡一会儿吧，根本睡不着、躺不住，可起床了精神又很萎靡，头疼得厉害，真不知道该怎么办？"

实际上，文凯的这些表现就是明显的"焦虑"，但他只是和好朋友倾诉自己的感受，发泄着自己的情绪，丝毫没有意识到自己正处于心理亚健康状态。

起初，文凯只是感到睡眠不足，每天上班没精神，但这种状态持续了一个月后，文凯感觉到了深深的"痛苦"，长期的睡眠不足导致神经衰弱，再加上工作繁忙、压力大，很快文凯就觉得体力不支。头疼、掉头发、无法放松、精神紧张、内心焦躁不安……一系列的问题让文凯在工作中越来越力不从心。无奈之下，文凯只好和老板申请一个长假放松调整，好在老板比较人性化，批准了文凯的申请，不过遗憾的是，在加薪的前夕请这样一个长假，加薪只能是遥遥无期了。

在职场中，像文凯一样焦虑的人并不少，有些人因为焦虑而选择逃避，结果沉迷于游戏而影响了正常的睡眠和工作，进而加深了焦虑的程度和后果，有些人内心焦虑则会脾气暴躁，容易发火，从而影响其和谐人际关系的建立……

焦虑是一种正常的情绪，但一旦焦虑过了头则会影响我们的身心健康，那么如何才能有效地克服焦虑的负面情绪呢？

（1）避免长时间的精神高度紧张。

精神高度紧张是导致焦虑的一个重要因素，因此要想克服焦虑的负面情绪，就要有意识地避免长时间处于精神紧张状态。当精神过于紧绷时，要学会适当放松，比如结束了一天的紧张工作之后，不妨去散散步，和朋友聊聊天，听听音乐，以缓解一天来的精神紧张。有了情绪方面的及时舒缓，自然能够轻松摆脱精神紧张的困扰。

（2）不要被消极的心理暗示误导。

有些人明明只是轻度焦虑，却总是疑神疑鬼，觉得自己患上了心理疾病，于是整个人变得更加焦虑不安，反倒无辜加重了焦虑的程度。千万不要用类似的消极心理暗示反复怀疑自己患上了焦虑症，否则即便你是一个心理健康的人，也迟早有一天会一语成谶。被焦虑困扰时，最好的办法就是转移注意力，这样可以有效地淡化焦虑对我们的影响，反倒能够产生修复作用。

（3）一定要及时疏导。

在上台演讲、等待升职名单等重大时刻前焦虑是非常正常的情绪反应，我们不必太过于介怀，但如果焦虑成了一种常态，每天都与我们形影不离，那么就必须要引起高度重视了。焦虑情况严重的，要及时咨询心理医生进行疏导，以免发展成心理疾病。

现代人精神压力大，所以深受焦虑困扰的人也越来越多。一旦沾上焦虑，原本美好的生活马上就会大变样，它会令我们烦躁不安，甚至伴随着出现一系列诸如失眠、神经衰弱等生理反应，所以一定要学会减压，学会正确疏导、调节自己的焦虑情绪。

不急不躁，从容面对一切荣辱得失

在生活中，我们难免会因为各种原因失去心爱的东西。我们会自责，会沮丧，会痛苦不安。但是对于已经发生的事情，如果一味地去苛求，除了只会使自己感到无比的烦恼外，不会有任何其他的意义，倒不如从容一些，看淡人生得失。很多时候，人的痛苦与快乐，并不是由客观环境优劣决定的，而是由自己的心态、情绪决定的。当你漫随天外云卷云舒时，衰草离披都会变成生命的赞歌。

如果你在竞技中失去了获得冠军的机会，那恰恰说明你还有进步的空间；如果你在社交中失去了朋友的真心，正好你可以明白谁在真心待你；如果你失去了金钱，可以用自己的双手赚回；如果你丢失了物品，

第二章

能调控自己脾气的人，就掌控了生活的晴雨表

可以用金钱再去购买；但是，如果你失去了快乐，就再也找不回来了。所以，在任何情况下，看淡得失，坚守快乐，是非常重要的。

得与失往往是变幻无常的，它们之间有着奇妙的关系。有时候，得到就是失去，失去就是得到，得到中蕴含着失去，失去中也能找到得到。所以，在荣辱得失之间，无须久久徘徊，不必苦苦挣扎，应当坦然面对。成功与失败其实就在一念之间，无论在任何时候，任何地方，遇到困难时，只要有认真的态度、坚持不懈的努力、永不放弃的精神和克服困难的信念，那么成功对于你来说就指日可待了。

金无足赤，人无完人，事无完美，得失常有。每一次的得到都会伴随着一定的失去，每一次的失去都会获得意外之喜。花开后会有花谢的苦恼，花谢了就可以做下一个春天的美梦；自由高飞的鸟儿要面对天空中的暴风雨，不幸被关进笼子的鸟儿会得到主人的细心照顾。所以，"塞翁失马，焉知非福"，生活在万千复杂的社会中，我们不能因一时的失去而久久痛苦，那样人生将充满烦恼。而当我们看淡人生得与失时，就能够真正明白生命的真谛。

随着林间鸟儿的歌声，新的一天开始了。马路上的车辆逐渐增多，人们又要开始一天的忙碌。在马路边的超市门口停着一辆小货车，这辆小货车是负责给周围商铺送货的，车主是一位叫扎多尔的年轻人。扎多尔爱说爱笑，和周围店铺的老板关系非常好。

扎多尔停好小货车后就开始往超市搬货物，今天的货物又多又杂，他搬得满头大汗。超市的保安看到扎多尔太辛苦就在空闲之余赶过来帮忙，扎多尔对他报以感激的微笑。但是，保安没有经验，不知道货物摆放的窍门。当他把一箱啤酒搬开之后，一箱牛奶摇摇欲坠。保安一时紧张，回身去扶牛奶，几瓶啤酒从怀里掉了下来。当他又弯下身子抢救啤酒时，一整箱的牛奶一下子摔在了地上。

喧闹的街市似乎安静了几十秒，人们都在等待着扎多尔的反应。有的人认为他会破口大骂，说自己倒霉。有的人认为，他肯定会让保安赔偿，这可怜的保安。但是，这些人都想错了，扎多尔既没有沮丧，也没有埋

怨保安。他跑到绿化带和人行道上边四处张望，嘴里还叫着什么。不多时，从四面八方抱来了几只流浪猫。这些小猫咪闻到鲜奶的香味非常兴奋，美美地饱餐了一顿。

事后保安问扎多尔："你不觉得可惜吗？一大箱牛奶就这样没了。你可能工作很长时间才能赚来这一大箱牛奶的钱呢！"

扎多尔无所谓地说："你又怎么知道我失去了牛奶，就没有别的收获呢？看着猫咪吃饱喝足的样子，我收获了快乐。如果没有这一箱牛奶的失去，我怎么能看到这么多猫咪的可爱样子呢？所以，有时候失去就是得到，我们不应该把得失看得太重要。"

在现实生活中，能够做到坦然面对荣辱，平静接受得失的人非常少。当面对生活的得失，面对现实的无情，面对与自己擦肩而过的机遇，面对自己错失的爱情，更多的人是不断苦恼，一味地埋怨，到最后赔上生活的平静也挽留不到什么。而当我们坦然地面对人生失去的时候，突然会发现生活正在另一个方面给予我们一定的补偿。

人生在世，常怀平常心会使你活得潇洒自由。在得失面前，学会沉淀自己的心情，就能在得与失中找寻到真正属于自己的快乐和幸福。

自我提升，完善性格

人的成长过程就是不断了解自己、提升自我、完善性格的过程。美国著名心理学家罗杰斯提出，每个人都有两个自我：现实自我与理想自我。其中，前者是个人在现实生活中获得的真实感觉，而后者则是个人对"应当是"或"必须是"等的理想状态。而只有当现实自我和理想自我完美结合的时候，才能真正实现自我完善和发展。

正所谓"性格决定命运"，在成长的道路上能够弥补性格上的缺陷，或者通过自我规划实现最佳性格组合，往往能成就非凡的梦想。比如，有的人太自卑、太敏感，渴望变得自信、果敢。实际上，现实中的他是自卑的，而理想中的自我则是充满自信的。显然，唯有不断地与自己做

第二章

能调控自己脾气的人，就掌控了生活的晴雨表

斗争，培养强大的内心，才能做一个不自卑、不敏感、从容自信的人，实现自我性格的完善。

美国前第一夫人米歇尔·拉沃恩·奥巴马就是一个从容自信的人。她出生在芝加哥南部，家庭环境并不乐观，但是从小就严格要求自己，不断完善自我。年少时，米歇尔就展现出惊人的运动天赋，棒球、足球、篮球都有涉猎。她的学习能力超凡，13岁时就进入了天才班，并学习了法语和大学物理课程。米歇尔曾经位列校内成绩最优等生达四年的时间。在成长中，米歇尔不断反省自我，主动提升和突破自我，在1981年进入普林斯顿大学学习，并在1988年取得哈佛大学法律博士学位。之后又在悉尼·奥斯汀律师事务所结识了她的现任丈夫，美国前总统奥巴马。

米歇尔·拉沃恩·奥巴马的经历说明，自我提升、完善性格对人生的重要性。生活中，别人怎么看你，怎么议论你，都折射出你性格上的优缺点。能够从他人的议论中审视自我，弥补缺陷和不足，有助于我们不断提升自己，从优秀迈向卓越。

在自我提升的范畴里，品德修养一直是重中之重，因为一个人如果想获得旁人持久的认同，令自己的影响力永久性发挥作用，就必须在品德修养方面下功夫。可以说，那些品德上无瑕疵的人会焕发迷人的魅力，得到他人的心理认同与肯定。

曾经在日本麻生内阁担任消费者担当大臣的野田圣子，是日本历史上为数不多的女性内阁成员之一。她之所以能够获得众人的拥戴，就是因为她有着非同一般的品德修养。或者说，人格魅力是她成功的关键。能够有这样的成就，完全归功于野田圣子年轻时的一次学习经历。

1983年，刚刚大学毕业的野田圣子进入著名的东京帝国饭店工作。她对自己的未来充满信心，并且在心中暗暗发誓：一定要走好人生的第一步。然而令人失望的是，她的第一件工作是洁厕工，每天都必须将马桶擦洗得光洁如新。这让她难以接受，甚至心理上一度作呕。

野田圣子不情愿的态度很快被酒店的一位老员工发现，他什么也没

有说，默默地蹲在圣子身边，拿起工具亲手演示了一遍，认真清洗着马桶，直到光洁如新；然后将擦洗干净的马桶装满水，再从马桶中盛出一杯水，连眉头都没皱一下就一饮而尽，整个过程没有半丝做作。看到这里，野田圣子惊呆了。思考良久，她暗下决心，即使一辈子洗厕所，也要干得漂漂亮亮，做出一番成绩来。

从那以后，野田圣子为了检验自己的自信，为了证实自己的工作质量，也为了强化自己的敬业心，她曾多次喝过自己擦洗过后的马桶里装的水。

这一生活经历对野田圣子一生的成长产生了重大影响。也就是从那个时候起，她开始注意提升自我，培养追求完美的人生态度。触类旁通之后，她在品德修养方面也注重求进步，努力做到谦虚待人、工作认真、追求完美、自我严格要求……终于，几十年后她攀登上了事业的顶峰。

野田圣子的影响力在全日本可谓有目共睹。哪怕是成为内阁成员以后，她也没有忘记那位老员工当年所上的宝贵一课。一位真正的影响力发挥者，会依靠自己的人格魅力和优秀品德在周围人群中形成一种向心力、吸引力、感召力。显然，野田圣子通过自我修养，拥有了这种迷人的魅力。

野田圣子对工作天天都有"光洁如新"的追求，把每一天当成一个新的开始，认认真真做好每一件事。以这种认真的态度去做人、做事，自然可以逐步实现自我德行的完善，从而实现性格的优化与提升。

首先，做到客观评价自己。有时，人们容易自傲、忽略别人给予自己的意见和建议。而实际上，他人对自己的评价也许比自我评价更客观、具体。我们应该避免自我封闭，懂得信任他人，并谦虚接受别人中肯的意见。其实，不管对方是何等身份，对每个人来说都是一面镜子，从而对自己有一个完整、公正的认识。所以，有意识地扩大自己的社交圈很有必要，这有利于你得到更多信息反馈，最终做出正确取舍。

其次，要有自知之明，深刻地了解自己的长处和短处，并勇于挑战自己，完善自己，然后付诸行动。即使是很小的改变或象征性的计划，也比停留在脑子里的计划要好一百倍。要相信自己能够成长，能够改变，相信行动是改变自我、接近理想人格的最佳途径。尤其是最初产生自我完善想法之时，是最有行动动力的时候，此时应尽快付诸行动。此外，在行动中，要善于接受失败，能够把抱怨变成目标。一旦开始实施自我完善计划，就要坚持到底，决不可半途而废。

　　再次，要保持一个开放的思想。生活在一个日新月异的时代，所有的信息和事物都在不断地更新，因此必须不断重新审视自我，发现不足，并主动提升各方面的素养，从而适应社会的发展。就像大海兼容并包才能博大一样，一个人拥有开阔的胸襟，才能成就应有的深度与厚重，承担更大的使命。

　　当然，自我提升与完善的过程还需保持一份豁达心，凡事不可过分苛求。虽然追求完美是好的，可是过度的完美主义很可能给自己带来压力与麻烦。不盲目追求"完美性格"，而是努力拥有一个"完整性格"，才是最应该秉承的基本原则。这就需要我们客观地认识自己，包容和接受自己；增强自己的优点，改变自己的"大"缺点，接受自己的"小"缺点并把它变成自己的特点。

　　最后，需要强调和提醒的是，千万不要因为别人而勉强改变自己，自我提升、完善性格应该是一个主动和积极快乐的行为与过程。永远不要为了追求八面玲珑而迷失自我。

　　每一个人都应该永远记住这个真理，只有不断自我提升、完善性格的人，才是一个真正的聪明人。人生在世，你我都有独特的禀性和天赋，都有独特的实现人生价值的切入点。只要按照自己的禀赋去成长、进步，不断地超越心灵的羁绊，你就能获取光辉人生，而不至于湮没在他人的影子里。

第三章

行动起来,为你的脾气切换一条"跑道"

　　脾气构成了人类丰富的情感元素和旺盛的生命力,不过一旦处理不好,就很可能会沦为坏脾气的奴隶。这些坏脾气如果不及时排解,会对身心健康造成负面影响。出于本能的自我保护,我们都盼望有一个合理的出口,为你的脾气切换一条"跑道"。只有这样才能免受坏脾气的影响,活得轻松健康。

第三章

行动起来，为你的脾气切换一条"跑道"

情绪垃圾要果断丢弃

生活中不如意的事情比比皆是，各种负面的情绪积累在我们心中逐渐就会变成垃圾。公司的办公室有废纸篓，家里的厨房有装菜根烂叶的垃圾桶，连电脑里也有个回收站，没用的东西都需要清理掉，而人们这些情绪垃圾该怎样处理呢？

情绪垃圾是看不见摸不着的，却潜伏在每一个人的内心里，不及时对其进行清理，日积月累，情绪垃圾就会填满内心，发作起来，要么引起情绪大爆发，导致失控、失眠、抑郁等，要么引发躯体症状，比如很多人会莫名其妙地头痛、胸闷，或是全身不舒服。经过诊断，很多病人没有器质上的变化，而是心理、精神上受到消极思想的影响，如焦虑、失望、恐惧、不满和嫉妒等，这些都属于情绪垃圾。

对于情绪垃圾，最关键的就是要及时处理掉它。准备一个情绪垃圾桶，把随时产生的负面情绪装进去，毫不犹豫地丢弃，少了那些情绪垃圾的拖累，我们的内心便会轻松起来。

南浩今年刚大学毕业，正是血气方刚的年龄，总是容易跟别人发生冲突。一个周末的晚上，南浩随父亲去一位长辈家里拜访。

那位长辈是父亲的老同事，两个人一见面便寒暄起来。

"南浩，来，喝一杯我刚泡的铁观音吧！"张叔叔见南浩在一旁独自玩手机，忙过来招呼他。

张叔叔气定神闲地端起小茶壶，开始把茶倒入南浩面前的小茶杯里……

南浩放下手机，目光也转移到眼前的茶杯上。

面前的茶杯被斟满了茶水，甚至开始溢到桌子上，可张叔叔却没有要停止的意思，南浩便忍不住惊叫起来。

张叔叔微笑着看了一眼南浩，端起茶杯，把茶水倒进了垃圾桶，然后又放回南浩面前:"倒空再装,会不会更好呢?"

这一幕一直留在南浩的脑海中,每当他要和别人起冲突的时候,或是被别人误会的时候,他都会想起张叔叔为自己倒茶的情景,同时,他会再三提醒自己:"倒空了再装,岂不是更好?"

当我们被某人激怒对其产生不满时,我们的脑子里装的全是"我对、你错"的批判思考,这时,你越是坚持自己的观点,你内心越容易被愤怒和不满控制。而如果我们能够先"倒空"或"丢弃"自己的坏情绪,让内心冷静下来,听听他人对这件事的看法,我们会拥有另外的一种心情。

那这些情绪垃圾该以何种方法去丢弃呢?

(1)找个安静的地方,放飞思绪。

带上一顶帐篷或是一张防潮垫,去野外有花有草的地方,支上帐篷或是铺开垫子,以"大"字形躺下去,全身放松,闭上双眼,什么也不去想,至少不要控制也不要引导思维。片刻之后睁开双眼,不管是白天还是夜晚,你都会发现原来天空是那样的美丽。

(2)找朋友聊聊天。

找一个可以坦诚相对、畅所欲言的知心朋友聊一聊天。在聊天的过程中,可以争论某件事,也可以论证某个观点,甚至还可以没有目的地侃大山。在谈论过程中,轻松氛围会让你完全忘却一切负面情绪。但是切记:千万不要每次跟朋友聊天时只会一个劲儿地倾诉而不去做倾听者,没有谁愿意一直做你的垃圾桶。

(3)坚持每天跑步。

运动会"打开"你的身体,让你的肌体处于"兴奋"状态,跑步产生的疲惫感也会让你感觉像"被清空"了一样,坏情绪就会在这个过程中排出了。坚持一段时间之后,既释放了情绪垃圾又得到了健康的好身材,岂不是一举两得的好事?

(4)把手机里的慢歌换成快歌。

很多人喜欢听抒情歌曲,节拍慢而带些伤感。这些歌曲往往更容易把你推向坏情绪的一端,这时,不妨换一些节奏明快的电子乐,或者节奏感强劲的摇滚乐。这些音乐会使你情不自禁地跟着节奏摆动起来,在嘶吼的唱腔里发泄坏情绪。

人的一生中有40%的时间都处于负面情绪状态,也就是说,我们将近一半的时间都在与各种消极情绪做斗争。所以,如果不及时处理掉这些情绪垃圾,不仅会严重危及自己的生活,还会影响到身边的家人和朋友,而处理这些情绪垃圾的最好方法便是果断地加以丢弃。

状态不好的时候换个事来做

生活中无处不在的烦恼和无休止的忙碌好似橡皮擦,不停地擦去心灵的五颜六色;又好似铅垂,不断地给轻如蝉翼的美好时光施压。不会为自己的心灵放假,不懂得转移烦恼和压抑的人,终将被生活击垮。

生活节奏不断加快,社会竞争逐渐激烈,人们总是忙忙碌碌,丝毫不敢懈怠。即使压抑、烦闷、无助的时候,我们也总是强迫着自己不要停下来,总是告诉自己:在你洗脸的时候,时间就从你的指缝溜走;在你原地休息的时候,别人正在奋力攀登。我们每天如苦行僧一样,排除千难万险对成功顶礼膜拜,而成功似乎总是离我们越来越远。这时候,我们需要停下脚步,聆听自己的心灵,它是否已经不堪重负,需要适时的放松。

生活中不顺之事十之八九,人们总会被各种各样的事情打扰而烦恼忧愁,不要抱怨时运不济,只是你的心累了。心态不佳时,你就会用一双蒙上灰尘的眼睛看世界,天空不再湛蓝,河水不再清澈,骄阳下不再是姹紫嫣红,皓月下没有了蛙鸣虫唱,生活的美好在你的世界里将不复存在。不妨,抽出一些时间给心灵一次洗涤,让山林中叮咚的泉流,田野里醉人的稻香,绿荫间清脆的鸟鸣,荡清你心中种种的不快,或者去钓鱼、去打球、去品茶、去赏画,让静谧的时光慢慢抚平心中的褶皱。

状态不好的时候换个事情来做,远离了日常生活的单调性,把烦恼抛在脑后,放空心灵、放松心情,你就会感到人生的美妙与惬意。这时的心灵转移不会浪费时间，而是像砍柴前磨快斧头，远行前准备地图一样，是在积蓄力量，积蓄更好、更积极工作的力量。

伯克霍夫接手了一个非常棘手的案子，这是他十几年职业生涯中，接触到的最难搞定的案子。其实，这个案子本来不由他负责，但是，负责这个案子的同事花费了整整三个月的时间都没有拿下来，上司就把这件案子转移给了有着丰富经验的伯克霍夫。

其实，伯克霍夫在得知这项安排的时候是有怨言的。虽然他有丰富的经验，但是他认为，上司不能总是以此为理由把那些难搞的案子交给他来做。这些案子一般付出和收获是不成正比的。在上司的再三游说下，伯克霍夫勉强地接下了这个案子。当他认真地梳理这个案子的头绪时发现，完成这项工作需要费很大周折。

伯克霍夫试着先把简单的部分做好，可是他打了好几个电话都没有接通，他的心情一下子烦躁到了极点。他让助理为他沏上一杯提神的咖啡，他好继续工作。

助理说："先生，我看您不如先把这项工作放一下，等心情平静下来再工作。"

伯克霍夫说："这怎么可以？这项工作很棘手，我片刻都不能松懈。"

助理说："先生，请您相信我。现在您的心情不好，工作效率肯定不好。倒不如先把心情调整好，然后精神抖擞地工作。"

伯克霍夫听从了助理的劝告，给自己放了一下午的假，来到郊区欣赏美景。这是他计划好几个月的事情，今天终于实现了。他和农场主攀谈，吃新鲜的瓜果，喝新鲜的牛奶，心情好极了。第二天，伯克霍夫的心情依旧很好。当他再回头想昨天的事情时，发现并不是案子过于复杂，而是自己的方法不对。就这样，伯克霍夫转移了坏情绪，这项他认为十分棘手的案子很轻松地就被解决掉了。

经过长时间的紧张工作，产生疲倦厌烦的不佳状态时，我们需要在心灵转移中变换兴奋点。摆脱眼前的一切，挣脱例行公事的羁绊，远离原有的困境，放松身心，释放疲劳，我们的心灵会得到正面影响，我们将重新燃起心中的希望,从而以旺盛的精力重新投入工作。

状态不好的时候,不要再勉强自己。给心灵放个假,到山水中放逐自己,借助自然界一草一木的灵性来驱散心中的不快,或者用感兴趣的事情抚慰疲倦的身心,涤尽工作上、情绪上、思想上的烦累。换个事情来做,它赐予你的将是一片灿烂和希望。

保持冷静,换一种视角看问题

"横看成岭侧成峰,远近高低各不同,不识庐山真面目,只缘身在此山中。"在这首诗里,苏轼深入浅出地告诉我们:人们观察事物的立足点、立场不同,就会得到不同的结论。所以,我们看待问题要保持冷静,换一种角度看问题。

哭,代表痛苦、阴郁;笑,代表快乐、阳光。这是人生的两种常态。一个人是快乐多于烦恼,还是烦恼多于快乐,反映出他的生存质量。有的人想快乐多一点,可是生活、工作中有那么多的不愉快,怎么让他乐得起来?还有的人说自己一生屡遭坎坷,怎么能不痛苦?这些人肯定忽略了一个事实:有人不如意的事情和遭受的磨难真的比别人不少,却能活得很快乐,天天能保持好心情。他们的生活并非到处都是顺心的事,但是他们选择了快乐,选择微笑面对生活,笑是他们的一种生活态度。

这些人不在乎吃亏,不过分计较得失,不让环境和别人左右自己的情绪,进而统治自己的生活。他们快乐,只是因为他们想快乐,他们笑,只是因为他们认为与其哭着过,不如笑着活。他们是真正的智者,是生活的真正主宰者。

要做到换一个角度看待问题或灾难并不是那么容易的,这需要睿智与极大的勇气。大发明家托马斯·爱迪生67岁时,他的实验室发生了一场火灾,整个屋里化为灰烬,损失超过200万美金。大火最凶的时候,爱迪生的儿子在大火中找到了他的父亲,父亲看着火势依然平静,白发在寒风中飘动着……爱迪生看着这片废墟说道:"灾难自有它的价值。

我们以前所有的谬误、过失都被烧了个干净，我们可以重头再来了。"67岁，眼看着自己几乎是耗费一生的心血付诸东流，面对这样的灾难，换了其他人都会感到命运的无情甚至绝望，而爱迪生有那种安然面对灾祸的勇气，他更有那种睿智。不妨换一个角度来看待问题，他从灾难中看到了其存在的价值，看到了"从头再来"，看到了新的希望。

一切事物都有多个角度，想问题想事情，一定要保持冷静，换个角度看问题，让你看清了事物的本质，让你全面地认识事物，使你在角度变换中不断收获，不断进步。

现实生活中，想要轻松快乐，就要换一种视角看问题，看淡得失。人有欲望不是坏事，就怕欲望过多，得失心太重。生活中有很多诱惑，如若你这也不想放下，又想拥有那个，必然身心疲惫，何谈快乐？俗话说，命里有的终须有，命里无时莫强求。获取快乐的良方，是放下生命中的诸多负累，轻装前进。

也许你羡慕别人取得成绩，但你是否知道，也许他也在羡慕你。因为你不被重视，可以活得开开心心，自由自在。而他却要在老师的期盼、家长的期望下活着，一旦失误，便招来诸多批评。换个角度看问题，你的道路还很宽广。

也许你会羡慕别人艳丽的脸蛋和修长的身形，可你有没有想过，那些整天戴着义肢，每天重复单调练习的人，他们为的是什么？他们为的是能和正常人一样地走路、吃饭、工作；他们为的是别人能用正常的眼光看待他们；他们为的是能有一个健康的身体来实现未来的目标。汶川8级大地震，带走了多少人的性命，破坏了多少家庭，给人们造成了多深的心理阴影。被救出来的人们，承受了多大的压力，才能接受他们的亲人逝世、自己被截肢的事实。不要一味的抱怨，换个角度看世界，你会发现，世界还是很美好的。

心态是一个人面对事情的心理状态。心态不好的人，往往喜欢斤斤计较，容易着急上火，即使物质上并不比别人缺少什么，但精神上总是紧张兮兮，自然是哭的时候多，笑的日子少。积极健康的心态像一束阳光，即使在寒冷的冬天，也能让你感受到温暖。保持冷静，换个角度看问题，让健康心态给生活带来阳光。

不能改变就要学会接纳

人生在世，不如意的事十有八九，我们永远无法控制每一件事情，比如情场失意、股市涨跌，甚至是地震、海啸，以及各种不幸的降临等等。生活从来不会像我们所想象的那样完美，但无论我们愿意接受还是不愿意接受，我们都无法改变，而且很多生活的真相都是"木已成舟"。

在荷兰的阿姆斯特丹，有一座15世纪的教堂遗址，上面有一句题词让去过的人过目不忘："事必如此，别无选择。"既然别无选择，我们便唯有接受了。

面对不可改变的事实，诗人惠特曼比我们每一个人都做得好："让我们学着像橡木一样顺其自然，面对风暴、黑夜、饥饿、意外等挫折。"不能改变时学会接受并不是逆来顺受，不思进取，而是一种积极的人生态度。

一位哲学家曾这样说过："我希望拥有三种智慧：第一，努力做好自己能够改变的事情；第二，接受自己不能改变的事情，不要为了自己不能改变的事情而苦恼；第三，拥有辨别这两种事情的智慧。"

人生总是变幻莫测，如果它带给我们欢乐，我们会欣然接受，但很多时候，它却带给我们可怕的痛苦，如果我们选择不接受，痛苦便会主宰我们的心灵，我们的生活便会失去灿烂的阳光。正如比尔·盖茨所说："许多残酷的事实，我们是无法逃避和选择的，抗拒不但可能毁了自己的生活，而且也许会使自己精神受到严重打击。因此，人在无法改变不公和不幸的厄运时，要学会接受它，适应它。"

我们往往会认为是痛苦的事情引发了自己痛苦的情绪，其实，是我们内心的观念和心态决定了我们的情绪。导致我们负面情绪的罪魁祸首是自己内心对事情的想法和态度,而这完全可以用积极的心态去改变。与其怨天尤人,不如接受现实,而人生总是在接受现实后,才会有新的起点,才会重新开始。

大学毕业后,李晶应聘到一家人人羡慕的跨国公司工作,这份工作也是李晶梦寐以求的。在这家公司她是搞技术的,工作轻闲又有可观的收入,入职之初,她给自己订立了一个很宏伟的奋斗目标,希望有朝一日能在这个公司有大展拳脚的机会。

很快,李晶感觉到这个单位里的人际关系并不像自己想象的那么简单。和她一起入职的一位同事,技术层面上远不及他,却很快升了职,据说他的父亲是当地某局的正局长;同一办公室里的一位长相颇美的女同事,工资比李晶低得多,却能整天开着宝马上下班,而且人家一个手包的价格就能花掉她半年的工资,据小道消息称,这位女同事与公司的某一高管关系密切……总之,很多的事情是李晶这个刚毕业的纯真年轻人无法理解也无法接受的。

李晶开始怨天尤人,为什么自己的父亲不是高官呢?为什么自己没有漂亮的脸蛋儿呢?为什么身边这么多不公平的事呢?为什么世界如此黑暗呢?她很想去改变这个事实,但她知道,她不但改变不了任何事情,也许还会因此而失去这份工作。自己没有强大的后台,没有漂亮的脸蛋儿,唯一能改变的只有自己的心态。

"我是搞技术研究的,这是我的工作,之外的任何事情与我又有什么关系呢?只要我把自己的事情做好,无愧于心,别人改不改变都与我无关。"这样想,心便不再受周围事的困扰,便能专心投入到工作中去。一年后,终因工作突出,李晶被公司选拔到国外的总公司工作。

任何事情都没有改变,改变的只是李晶的心态,有一些事情当我们无法解决和处理时,不妨学会坦然接纳,不要反抗那些不可更改的事实,用节省下来的时间去做一些有意义的事情是我们最好的选择。改变你的心态也就改变了你看世界的角度,而当你改变了看问题的角度时,即使遇到世界上最倒霉、最不幸的事，你也不会成为世界上最倒霉、最不幸的人。

必要时候认衰是个好办法

当你遇到不顺心的事情无所适从，当你还在彷徨，还在纠结，当你无能为力，没有更好的办法时，何不选择"认衰"这个办法呢？当然，对于我们而言，"认衰"只是暂时的，你要做的是在"认衰"中塑造优秀的品格，在"认衰"中提升自己。记住这是你的蜕变期，你需要做的是改变，而不是一味地按照自己的性子来。

也许你觉得本不是自己的错，也许你觉得为什么要把别人的错误强加给自己身上，你有过抱怨，有过不甘心，但是当所有的这些都于事无补的时候，我们何不尝试一下认衰呢？

所谓认衰，是指我们在关键时刻一种暂时的忍让的方式，这不是说我们能力不如他人，也并不代表我们就应该为这次错误来承担应有的代价。它是指我们在必要的时刻进行暂时的妥协和忍让，待到情况稳定之后，我们再做出进一步的打算。当然，我们可以在这个认衰的过程中进行反思，反思自己错误的同时也对他人进行一定的反思，在反思的过程中找出真实的原因。这样，你才能在以后的学习和工作中更加地从容不迫。

第一，认衰是一种自我暗示，是一种间接安慰自己的方式。

当你遇到不顺时，不要觉得整个世界都亏欠了你，可以尝试告诉自己，这对自己来说就是一次教训。这一次之所以有这样的结果，你需要从自身方面多寻找问题，而不是抱怨他人。你需要尝试多看看其他人身上的优点，借鉴他们的优点，再与自己进行对比，看看自己到底是哪里出了问题。这种自我暗示的目的在于通过冷静地分析自己的优缺点，分析整个事件的前因后果，让自己静下心来，安慰自己，而不是一味地指责他人，觉得整个世界都对自己不公平。你要记住，既然你是一名参与者，事情不顺心那并不完全是其他人的错误，很多时候我们在考虑问题时，忽视了自己身上的问题。

第二，认衰是一种调节心情，平和情绪的方式。

当你遇到不顺，不要生气，不要发怒，不要抱怨，更不要指责他人。你需要冷静下来，告诉自己，所有的事情都会过去。而现在发怒中的你所做的任何决定和改变都是非常不理智的行为和想法。当你的情绪临近爆发，当你即将与他人发生争执，当你不知道该如何解决一件事情，索性静下心来，告诉自己，千万不要生气，千万不要发怒。你需要努力使自己的心情平复，你需要调节自己的心情，你更需要勇敢地面对，给自己心情一个假期。你应该告诉自己，现在的你只是暂时的失败，只是暂时的"认衰"，而以后的你绝对不会这样，你应该是一个充满自信、阳光的你，你应该是一个大度、宽容的你。

第三，认衰是给自己一个重新开始的时间和机会，是给自己一个转折期的方式。

每个人都有转折期，每个人都应该停停歇歇，有喘息的机会。工作太忙、压力太大，何不给自己一个放假的机会。当他人犯错，将责任推卸给你，虽然你有可能面临失业的可能，但是你何不这样想：与这样的人做同事真是一种悲哀，也许换个新的工作环境我能生活得更好。当你"认衰"之后，换个新的环境，换个全新的工作方式，就好比你换个穿衣风格，做个新的发型，这样的你不是更好吗？阳光下的你，一个全新的你，自由地呼吸着大自然的芳香，你拥有的将是更多的美好。

第四，认衰是一种宽容自己，宽容他人的方式。

何必每天在斤斤计较中度过？何必什么事情都分得那么清楚？有些时候，我们必须学会宽容自己、宽容他人。我们的人生不只只有这一件事情，何不每天都快快乐乐地生活和工作呢？在"认衰"中宽容自己，告诉自己这样的你只有一次；宽容他人，告诉自己这是别人的错，与我没有关系，我应该做的更多的是借鉴他人的长处，并从他们的错误中汲

第二章

行动起来，为你的脾气切换一条"跑道"

取教训。有一天，你会发现，你宽容自己，也宽容他人的同时，自己的心情愉悦，每天都在快乐和幸福中度过。

当然，你可能会说，如果自己"认衰"可能会不甘心，觉得自己背了黑锅，这样的你会得到他人的指责，更有可能遭遇更大的不幸。但是你应该明白这样一个道理，清者自清，浊者自浊。暂时的妥协和退让并不意味着永远的妥协和退让，你只是在妥协中学会了宽容，学会了更加坚强，学会了下一次用心去处理一件事情，尽量减少因此而带来的损失。这样的你比以前的你更加优秀。

请你记住，你默默转身，只为下次华丽地出场。我们不是永远地妥协，忍让，而是在忍让中不断地改变自己，不断地完善自己，在忍让中学会充实自己，为下一次登台做好最充分的准备，赢得满堂彩。我们不为得到他人的表扬和赞赏，只为问心无愧，活出自己的精彩。

现在的你，也许觉得委屈，你怀疑自己，觉得自己不应该这样做；现在的你，也许不明白这样做的真实目的，觉得自己无疑给别人背了黑锅，还得不到他人的信任；现在的你，也许觉得感伤，你不知这次之后该如何起航，如何找回那个自信的你……你应该有这种意识，即这一切的一切都只是暂时的，你在克制自己情绪的同时，也是在重新寻找一个全新的你。面对这样的情况，你无须感伤，无须无奈，无须愤怒，因为下一个转角，带给你的是全新的机会，你看到的将是一个不一样的你。

必要时刻"认衰"并不是永远的认衰，这只是交给我们处理不顺心事情的一种方式。这样的方式只是告诉我们，你的现在并不代表你的未来，但是你现在的行为可以影响你的未来。你可以在这样的一个蜕变期，学会宽容自己、宽容他人，塑造自己的性格；你可以在这样的一个蜕变期，不断地充实自己，完善自己，提升自己的能力；你可以在这样的一个蜕变期，为自己提供一个足够大的升职空间，当下一次再遇到这种事情一发治人，掌握主动权。这样对你而言不是更好的选择吗？

用平常心看不平常事

当别人把过错推在你身上并造成误解时,你是不是感到很委屈?

当你努力了很久却发现功劳被别人冒领时,你是不是很想骂娘?

当一个各方面都不如你的人却因关系得到升职加薪时,你是不是感到很受伤?

人生在世虽只有匆匆数十载,但经历的事情却会很多。在这些事情中肯定会有一些是刻骨铭心的,我们要学会用平常心去看待。

人生一世会遭遇很多的不公平,明明属于自己的东西被他人白白抢走。这个时候,我们需要静下心来,用一颗平常的心去看待这些问题。这时,我们会发现事情并没有自己想象那么糟糕。心静自然凉,心静了,我们就可以理性地思考,很多棘手的问题也会变得容易起来了。

苏洵在《心术》中写道:"泰山崩于前而色不变,麋鹿兴于左而目不瞬闲暇之余。"意思就是要保持平和的心态,不因眼前的变化而扰乱自己的心智,也不因为一时的失落而丧失理智。

当我们用平常心去看待不平常事,就会发现事事平常。面临危险的时候,保持平常心就能获得勇敢,获得生的希望;面对着名利的诱惑,平常心就是廉洁,就是巨大利益下的坚守。在荣誉面前,平常心就是一种谦卑;在恶意诋毁面前,平常心就是不卑不吭。

平常心并不是消极遁世,对什么都四大皆空,而是一种境界,一种积极的人生态度。这种人生态度会帮助我们处理人生路上遇到的种种艰难险阻。

南怀瑾说过这样一句话:"什么是佛?心即是佛。什么是道?平常心就是道。"

事实的确如此。真正了不起的人一定是个很平凡的人,真正的伟大植根于平凡。所以,如果我们想要成功,就应该以一颗"平常心"去待人接物，去处理生活、工作中的大小事务。

经历过大风大浪的人都会有这样的感觉：回归平常是一件难得的事情。

最美是寻常，可惜能够真正领悟的人只有少数。

佛家有一则这样的故事：一个僧人到法堂请教禅师："师父，我每天打坐很长时间，无时无刻不在念经，起早贪黑，心中没有一丝杂念，我觉得您的座下没有任何人比我更用功了。可是，为什么我就是不开悟呢？"

禅师没有直接回答僧人提出的问题，而是拿了一把粗盐和一个葫芦，交给了这个僧人："用水把葫芦装满，然后把盐倒进去并让它融化，等盐融化之后你就会开悟了。"

僧人心里很高兴，便立刻按照禅师说的做了。没过多久，他苦恼地跑来说："师父，葫芦口太小了，我费了很大劲才把盐装进去，可它就是不化。我想用筷子伸进去搅一下，却搅不动，盐根本融化不了。难道我不能开悟吗？"

禅师还是没有直接回答僧人的问题，而是拿起葫芦，将里面的水倒掉一部分，轻轻地摇了几下之后，盐就融化了。这个时候，禅师才慈祥地说道："一天到晚只是用功，不存些平常心，就如同这装满水的葫芦，摇不了，搅不动。化盐都如此困难，何况开悟呢？"

僧人不解地反问一句："难道不用功就可以开悟吗？"

"修行如同弹琴，弦紧则断，松却无音，不紧不松才能奏响乐曲。只有保持中道平常心，才是悟道之本。"

僧人听了禅师的话，顿时大悟。

这个禅语小故事告诉我们一个哲理：凡事皆应平常心。平常心是一种人生态度，一种脱凡的境界。保持平常心，我们才能端正自己的态度，做到宠辱不惊，才能不像故事中的僧人那样起执念，才能有所成就。

我们在宫廷电视剧中经常看到这样的情景，皇帝吃饭时每一道菜不超过三筷子。你是不是觉得很奇怪？据历史考据，这是为了减少皇帝中毒的可能性。我们都知道，御膳的种类很多，同时皇帝的敌人也很多，如果他对一道菜有偏爱的话，那么，刺客就很有可能在这道菜中下毒。但是，如果皇帝对所有的菜一视同仁，那么刺客就难办了，一方面不知道皇帝会吃那一道菜，另一方面又不可能对每一道菜都下毒，这在很大程度上降低了皇帝中毒的可能性。

　　这个案例对我们为人处世也有很好的借鉴意义。当我们对所有的事物保持平常心之后，别人就很难看出我们的喜好的，这对我们自己来说，未必不是对一种自我保护。将喜好隐藏起来，将欲望收敛起来，不让心怀叵测的人有所察觉，那么他们就无法借此攻击我们。

　　"浓肥辛甘非真味，真味只是淡；神奇卓异非至人，至人只是常。"这是《菜根谭》里的一句话，意思是说，那些常说的浓郁肥腻、酸甜苦辣都称不上真正的美味，真正的美味只是简简单单的平淡；而那些所谓有着神奇卓越天赋的人也算不上是最好的人，最好的人只是平常人而已。这句话的真谛是平凡就是最好的，凡事都要保持一颗平常心。

　　平常心是对生命的敬畏，生命弥足珍贵，每一个人的出生都是经历了无数的偶然，应该学会珍惜，学会感恩，学会满足。怀着一颗平常心去看生活中的事情，尤其是那些不寻常的事情，我们会发现一些平常发现不了的问题。

　　在我们面临危机的时候，一颗平常心会帮助我们发现"柳暗花明"的那"一村"。保持平常心，遇到困难时我们可以保持冷静，面对赞美时仍保持清明的头脑，不会因自己的一时鬼迷心窍而误事。

　　人生本来就不完美，保持一颗平常心，也许它不会让你走上完美，但是它可以还你一个没有缺憾的人生。

适度发泄坏情绪，轻装上阵

　　你的坏情绪可能是愤怒、生气、愁苦、郁闷，它们像乌云一样遮盖住了阳光，让你的生活从此暗淡无光，让你的人生消极颓废。当坏情绪

第三章

行动起来，为你的脾气切换一条"跑道"

越积越多，就像充足了气的气球一样随时都有可能爆炸，因此无论是哪种坏情绪你都不能长久地积存在心中，需要及时地发泄出来。每个人都有心情不好的时候，偶尔的生气和愤怒并不是件坏事。但如果长久地压抑自己，不将自己的坏情绪发泄出来，就会损害自己的身体。

当你产生坏情绪时，心中的愤怒无处发泄会让你抑郁成疾。愤怒产生的原因很复杂，往往不是独自存在的，经常是由其他情绪所引起的。既然愤怒无法避免，但是我们要做的不是压抑它，装作无事发生的样子，而是要找到引发愤怒的情绪，在愤怒之前消除不良情绪。从心理学的角度来看，时常压抑情绪会损害健康。有调查表明，压抑愤怒情绪表达会导致死亡率飙升，在夫妻双方都压抑愤怒情绪的夫妇中，妻子因为心脏病而死亡的可能性高达11%。但如果人们能把心中的愤怒情绪宣泄出来，这个致死的危险率可以降至0。

王娜是一家公司的小职员，由于职位不高，相貌也不出众，王娜每天都要受到男同事和上司的嘲笑和轻视。一次，王娜正在办公桌前处理文件，一位新来的男同事走过来，对王娜很无理地说道："王娜，你有空吗？去帮我接杯咖啡。"王娜正忙，头也没抬地回道："对不起，我现在正忙呢，你自己去接吧。"谁知那个新人听完这话，非但没能识趣地走开，反而用言语侮辱王娜，说她不识抬举。

生气的王娜终于忍无可忍，她暗自下定决心，一定要离开这家是非不分的公司。临走时，王娜很生气地用红笔把每个人的名字写在纸上，并且把他们的缺点一条条地列出来，然后对着这张纸将他们骂得体无完肤。骂完之后，王娜觉得怒气全消，心情也舒畅了不少。重回冷静的王娜决定不辞职了，继续留在公司里。

从那以后，王娜一旦碰到不顺心的事情就会采用这种方法，把满腹的牢骚、怒气全都写在纸上，然后将它们揉烂扔进马桶里冲个干净。每次这样干完之后，王娜都觉得一身轻松。也正是靠着这个方法，王娜的人际关系也渐渐得到了改善，她不再像以前那样觉得身边都是坏人，而是把他们都当成朋友来看待。就这样，王娜的事业也蒸蒸日上，终于靳露头角，连连晋升。

　　其实，糟糕的情绪会对我们的生活、事业、人际关系造成严重影响，如果我们拥有了坏情绪不及时发泄，那么造成的后果将不堪设想。日本的科学家曾经做过一个调查，发现有近80%的女性会选择大哭一次来释放心中的情绪。哭泣在一定程度上可以释放心中的不满，调节心理情绪，释放情感压力。哭对人的身体是有益的，尤其是从心理健康的角度来讲，如果你懂得用哭的方式来宣泄情绪，那么你会瞬间觉得轻松许多。

　　尽管哭泣对身体是有益的，但是也要注意时间的限制。哭泣的时间不可太长，当你压抑在心中的情感得到释放后，那么你就可以停止哭泣了，否则将会影响身体健康。因为人的肠胃机能对情绪起着主导作用，当悲伤的情绪超过一定限度，胃的运动机能就会受到损伤，引起胃液分泌减少、食欲不振等不良后果。同时，在情感宣泄时也要注意适度原则，不要一遇到不顺心的事情就选择用哭泣来解决。

　　古人曾经说过：忍气者易衰，忍忧者易伤。可见，该哭泣的时候，我们还是要哭，尽量地发泄心中的不满和不快，用眼泪洗刷心中所有的不悦。当你身陷困境之时，当你充满了负面情绪的时候，不妨大哭一场，用这种方式来宣泄所有的不满，哭过之后，便能轻装上阵，以饱满的精神迎接生活。

第四章

提升自控力,爱发脾气注定没有大格局

坏心情、坏脾气、刻薄的表现、嘲弄他人的行为……这些恶习埋藏在我们的本性当中,总是会在我们不经意间乘虚而入,甚至控制我们的心灵与行动。人最不能够缺少的品德就是容忍与克制。要想拥有改变世界的力量,那么就必须拥有改造自己的决心。有时候,你与成功之间的距离,只差一点自控力,爱发脾气的人注定没有大格局的。

第四章
提升自控力，爱发脾气注定没有大格局

善于把控自己，才能把握人生

我们常说，最大的敌人是自己。对于一个人来说，真正的人生道路，只能靠自己，因为自己是唯一一个陪着自己走到底的人。没有强大的内心，就不能做到很好地把控自己，而管好自己才是成功的真谛。

金无足赤，人无完人。每个人都有自己无法企及的方面，要学会扬长避短，不要太过勉强。如果非要逼自己做一些根本不可能完成的事情，最终只能白忙活一场，不仅浪费了精力，还让自己内心受伤，从而变得不自信。

上帝在打开一扇窗的同时也会关闭一扇门，要懂得正视自己的长处与不足，扬长避短，以长补短，这才是真理。想要掌控自己，就要了解自己，恰当地发挥自己的长处，才会招来伯乐。

没有人会得到所有人的喜欢，很多时候，我们不得不面对嘲讽与不屑。这个时候，我们一定要懂得把控自己的情绪，冲动是魔鬼。一冲动，气是发泄了，造成的后果却是不堪设想的。祸从口出，学会管好自己的嘴，不要贪图一时痛快，说出去的话，就像泼出去的水，是收不回来的。有些话一旦说出口，就会伤害别人，尤其是你身边的人，也许熟识的朋友与家人不在意，但是同事呢？他们有包容你的义务吗？恶语伤人，更伤感情，还会斩断你的人脉，甚至升职加薪的机会。

人生不如意事十之八九，在成长的道路上总会遇到各种各样的困难。没有人的一生充满花香，一路阳光，河流总会遭遇浅滩和沟壑，这个时候，要学会把控自己，不要一遇到困难就放弃，命运掌握在自己手中。

有一本书叫《管好自己就能飞》，作者吴牧天曾在书中写过这样一件事：吴甘霖在美国当交流生的时候，时间很紧张，他不得不一边学习，还一边准备着托福考试。他所在的学校的功课比较紧，能够真正用来准

备考试的时间并没有多少,可以说,这是个很难完成的任务,然而他一直咬牙坚持着,从来没有想过放弃。同学当时因为好奇经常过来抢他的耳机听,想要知道是什么东西让他一直倾听。在了解到里面的内容后,他们感到很吃惊,也很不理解,用异样的眼光去看着他。这个时候,他独自一人漂泊在国外,坚持着,成长着,终于在删掉所有的歌,拒绝了一次又一次同学的邀请之后,他顺利地通过了考试,并取得了可喜的成绩。

身处逆境,尤其需要把控好自己的情绪,不要为一时的困境而自暴自弃。这里所说的把控不是压抑,俗话说"泥人还有三分土性",脾气谁都会有,发脾气是很正常的事,不开心了,就发火,这可以理解,但不代表发脾气就是好的。

人无自制与兽何异。人之所以为人,是因为有思考能力,有理智。而理智要求我们不可以乱发脾气,无论发生什么,都要学会去控制自己。

苏东坡是佛教大居士,他自认为自己修行已经到了很高的境界。有一次,他和好友佛印在湖上打坐。苏东坡在湖中心的亭子上打坐,微风习来,波光粼粼,他感觉已经四大皆空,很是自豪,便写了五个字——八风吹不动,并让仆人把它交给在另一处亭子打坐的佛印。苏东坡的意思是他已经抛却了嗔、讥、毁、誉、利、衰、苦、乐八大风的烦恼。佛印看到字条后,便在上面写了一个字——屁,等仆人把字条交给苏东坡后,他很是恼火,立刻乘船过来询问佛印。佛印笑着说:八风吹不动,一屁过江来。暗讽他四根不清。

像苏东坡这样的大文豪在潜心修佛多年后仍难以控制情绪,更何况普通人呢?每一个人的心就像静止的水面,有风吹来就起涟漪的话,你的心又会怎样呢?又怎么能把控自己呢?

我们不能把控自己,只因一点点小事就破坏了内心的静谧,这只能说明,我们的心还不够安定。其实,这也说明了我们的内心有些空,不知道自己需要什么。所以,想要把控好自己首要的就是明白自己想要的是什么。

勿忘初心,方得始终。一个人只有明白自己想要的是什么,才不会在求索的路上左顾右盼，为一点点小事而失控。当脑海里有一个强大的意念驻留的时候，我们就不容易受到外界的干扰。

人生在世，都想获得成功。然而获得成功的往往是少数人，有太多的人在经历了一些困难挫折之后自暴自弃。无论经历什么，或者说碰见什么，都要学会把控自己，不能因一时情急而失控，也不要因一时失落而放弃。

我们最大的敌人是我们自己，也正因为如此，我们要想征服世界，就要先征服自己。

养成好习惯，培育持久的自控力

只要你足够坚持，那么世界上没有什么事情不可能完成，遗憾的是，绝大多数人都死在了"坚持"的半路上，或三天打鱼两天晒网，或为自己的惰性寻找各种各样的借口回避……减肥、运动也好，读书、学习一项新技能也罢，都需要持久的自控力，坚持一天两天不难，但没有多少人能够一直坚持到底。

从生理角度而言，短时间的"坚持"并不困难，没有身心障碍的人都能轻松完成，但长时间的"坚持"却会产生痛苦，让人本能地选择逃避，这也正是我们中断"自控"的一个重要因素。

不过，长时间坚持所产生的痛苦并非不能克服，比如大脑接到的指令是坚持跑步3分钟，转眼3分钟就过去了，大脑就会感受到"坚持"是一件容易达成的事，因此它预测的痛苦就会减少，并会产生更大的驱动力去促使我们行动，同时积极正确的行动又会正面强化大脑的认知，从而形成良性循环，最终帮助我们养成"坚持"的良好习惯。

只要功夫深，铁杵也能磨成绣花针。要想成功，没有坚持不懈的努力是不行的，因此我们必须要培养自己持久的自控力。

40岁的艾丰是珠宝设计界的知名设计师，但很少有人知道十几年前他连工作都找不到。正如爱迪生所说，"成功是1%的天分加上99%的汗水"，即便是与生俱来的天赋也无法取代"坚持"与"勤奋"，是"坚持"与"勤奋"让艾丰的人生迎来了柳暗花明又一村的光明转折。

年轻时，怀抱一腔梦想的艾丰一心要在珠宝设计界出人头地，但现实却给了他当头棒喝，连续十几次求职，全部都被拒绝，这让艾丰一度陷入消沉，甚至想放弃自己的珠宝设计梦。

这天，他失魂落魄地在一家小酒馆里买醉，遇到了一个石头切割工人，闲聊之余，他向对方吐露了自己的心声，"前段时间我去面试了十几个与珠宝设计有关的工作，可是没有人愿意要我，哪怕我要求的报酬比别人低"。

石头切割工喝了一口酒，若有所思地说道："我平时的工作就是切割石头，如果想把石头切割成我想要的样子，就必须一点点来，根本不可能一斧子就砍出合适的裂缝来，我想不管是设计珠宝还是切割石头，都需要不断积累，如果你真的想成为一个有名气的珠宝设计大师，那就要继续坚持下去。"

听了石头切割工的一番话，艾丰瞬间茅塞顿开，他想到了自己非常喜欢的一个电影明星史泰龙，刚入行时也是被拒绝了无数次，找不到经纪人，也找不到演戏的活，但就是凭着"坚持"，史泰龙最终成了好莱坞史上的一个不可复制的成功典范。很快，艾丰又重整旗鼓进军珠宝设计业，经过十几年的不懈努力，终于实现了从珠宝设计菜鸟到知名珠宝设计师的华丽转变。

人与人之间的智力差异并不大，能否成功的关键不在智商，也不在于家庭背景和教育，只有坚持和决心才是决定性因素。纵观古今中外的成功人士，无一不是坚持到最后的人，他们永不放弃的精神，始终坚守一处的强大"自控力"，使得他们不惧怕任何困难，不管面对怎样的困境都不会退缩逃避。

从心理学角度而言，持久的自控力也需要"养分"，如果你一直失败，从没有得到什么结果，那么"坚持"就会显得异常艰难。因此我们要想培育持久的自控力，就要适时地用"小成功""小目标""阿

Q精神"等给自身充电,以免还未到达成功的终点就死在"坚持"的半路上。

坚持需要"梦想"或"目标"作为支撑,我们对梦想的期待有多强烈,对目标实现的需求有多迫切,我们的意志力就会有多坚定。如果只是临时起意说说的梦想,那么自然难以坚持长久,因此我们不妨用强烈意念支撑的愿望来锻造自身的"自控力"和"持久力"。

怎样形成自律"生物钟"

人是一种非常有灵性的动物。因为特殊磁场的原因,人类的潜意识中存在着一个生物钟,这个生物钟与现实生活中的钟表原理相同,都具有报时的功能。不同的是,钟表向人们报出的是时间,而生物钟向人们报出的是该做某件事情了,比如:对于一个有午休习惯的人而言,每到午休时刻,他的生物钟就会通过犯困、疲惫等生理反应,提醒他该午休了;经常外出锻炼的人,如果没有及时出去锻炼,他的生物钟就会通过心理暗示提醒他该去锻炼了;到了吃饭时间,人们的生物钟就会通过饥饿来提醒他们该吃饭了……

这就是人类的生物钟。生活中很多事情都有生物钟的提醒。那么,生物钟是怎样形成的呢?

生物钟的形成与一个人的生活习惯息息相关。可以说,生物钟就是人类对习惯的记忆。任何事情经过一段时间之后,渐渐地形成一种习惯,之后就会在人的潜意识中形成一个生物钟。当然自律也是如此,想要形成自律的生物钟,需要从以下几点着手:

(1)让自律变成一种习惯。

形成生物钟的第一步,先将自律变成一种习惯。这就要求人们在实际生活中经常使用自控力。比如,当你想向诱惑屈服时,就要发挥自控力的作用了。不要给自己任何放纵的理由,必须运用自控力抵御住诱惑。时间一长,渐渐地人们就会习惯运用自控力抵御诱惑。如此一来,自律就变成了一种习惯。

面对孩子的教育问题时,很多家长溺爱孩子。当孩子的要求得不到满足之后,他们便会大哭,想通过这种方式达成自己的目的。而很多家长见到孩子哭,就像是被踩到尾巴的猫,顿时跳了起来,慌手慌脚,方寸大乱,也不管什么原则不原则了,对于孩子的要求统统答应,只为博孩子开心。

时间久了,这样的生物钟也形成了,孩子们想要做什么,即便家长不同意,也不用约束自己,只要大哭,家长便会乖乖地顺从。长此以往,孩子不会养成自律的习惯。等到孩子大了,他提出的要求超出你的能力范围,你又该怎么办?孩子又会有什么样的行为呢?因此,对于任何人而言,让自律变成一种习惯都是非常必要的。因为很多时候,人们都不能为所欲为。

(2)针对某一方面培养自控力。

生活中的大部分人都有一定的自控力。由于每个人的生活轨道不同,人们可以针对不同的方面侧重培养自身的自控力,比如:一个君王,除了有明辨是非的能力之外,还必须要有海纳百川的度量。这就要求君王要比常人更能听得进别人的意见。即便是别人提出的意见具有指责性,也要强压怒火,理性地分析。因此,君王在接纳别人建议这方面的自控力要着重培养。而客服工作者,则需要在耐心听取客户投诉方面培养自控力等等。社会上从事不同行业工作的人们,都要就某一方面侧重培养自控力。

(3)不要放纵自己,破坏生物钟。

正所谓:"千里之堤,溃于蚁穴。"很多时候,很多好的习惯被丢弃的起因都是因为一时的放纵。习惯是有惯性的,如果一直坚持,倒也不会觉得有什么不舒服,可是一旦改变,很有可能就会被破坏。

战争时期,德国有一种非常特别的审讯方式。他们先将囚犯置于刑架上吊起来,高度恰恰是囚犯脚尖着地的高度,这种高度会让囚犯非常不舒服。一段时间之后,他们会将囚犯放下来平躺。之后,如果囚犯不交待便会继续吊起来。一般情况下,这样审讯方法要比一直吊着囚犯更能让囚犯招供。因为,这种审讯方式强制性地给了囚犯一次放纵自己的体验。有了这次体验之后,囚犯便再也不想体验被吊起来的感受了。因此,现实生活中,对于一些良好的习惯,千万不要随意找借口去破坏。

学会忍耐,沉住气方能成大器

忍字是"心字头上一把刀",要做到忍,确实不容易,虽然忍耐是痛苦的,但结果往往是甜蜜的。

忍耐是一种修养,忍耐的限度很难界定,有时候,忍与不忍仅仅是一瞬间的选择。当你心生怒火时,强忍下来,不做任何反应,过了一段时间以后,再来考虑和处理这件事情,说不定又是一种结果,两种结果,两种心情。

忍耐是人类最伟大的品质之一,它可以使你在忍受痛苦时迎接黎明的到来,使你在接受考验中抓住瞬息的机会。学会忍耐,你就能在风雨过后的晴朗天空下展开翅膀,施展自己的抱负,实现自己的梦想。

有人说,忍耐就是麻木不仁,就是懦弱窝囊,其实正好相反,忍耐更需要自信和坚韧的品格。能以牺牲自己的小利而保全大局,善于从容退让,这不是窝囊;对他人的小过失不理会、不计较,这也不是窝囊;失败后,能忍受暂时的屈辱,在暗地里默默积蓄力量,这更不是窝囊。能做到这些的,都是真正的男子汉大丈夫。

"将军额上能跑马,宰相肚里可撑船",古往今来,那些最终成就大事的帝王将相,每一个人或多或少都有过忍让的经历。形势不明时必须忍耐,却不能忘记自己前进的方向;当环境所迫或者与人发生矛盾和冲突时,有理智的人总会保持清醒的头脑,一直忍到苦尽甘来的时候。

愚蠢的人快乐一时,却痛苦一世;智慧的人痛苦一时,却能快乐一世。所以，智慧的人应该明确忍让是一种大智大勇的表现。忍让更是一种人生境界，在得失荣辱、是非曲直面前，它可以让人更加平静地面对，最终收获一份丰厚的人生果实。

孙磊今年刚刚19岁，本应该在大学校园里读书的他，却因故意杀人罪被判处死刑。

孙磊出生在一个农村的小镇上，父母虽然都在外地打工，但家里并不富裕，父母还是竭尽所能供孙磊读书。孙磊也不负众望，以全镇第一的成绩考入了本省的一所重点大学。

在孙磊所在的班级里，很多同学都家庭殷富，有的人甚至开着豪车来上学。面对这些同学，孙磊总是感觉有些自卑，而那些有钱的同学也总是欺负孙磊，嘲笑他的贫穷。孙磊对此很是气愤，但又实在不知怎么回击他们。

一天，同学们正聚精会神地听一节历史课。坐在孙磊后位的一名叫赵科的同学猛地推了一把孙磊的椅子："你为什么要撞我的桌子？"

"我分明没挨你桌子。"孙磊觉得赵科又在找茬，回顶一句后便继续听课。

下课后，老师刚离开教室，赵科就举起椅子往孙磊后背砸去。等孙磊明白过来是怎么回事，后背已疼痛不已。愤怒的孙磊与赵科扭打在一起，随后支撑不住，被同学们送去了附近的医院。

在那次事故中，孙磊折了两根肋骨。

出院后，孙磊回想起赵科平日里的所作所为和对自己的种种行为，越想越恼火，委屈、愤怒、仇恨一齐涌上孙磊的心头，一个疯狂的念头从他的脑海中闪过。

一天傍晚，孙磊把一把水果刀偷偷地藏在口袋中，约赵科在学校附近的一个小树林见面。当赵科刚一出现，孙磊便拿着水果刀向对方的胸口刺去。一顿狂刺之后，孙磊消失在漆黑的夜幕里。

当警察找到孙磊的时候，孙磊才知道赵科被捅后当场死亡。于是，一个正值青春年华的大好青年锒铛入狱。

如果孙磊能忍一时之气，或用自己的真心去换得别人的真心，便不会发生如此的悲剧了。

真正的忍耐不仅在脸上、口上，更在心上，真正的忍耐是不需要力气、分毫不勉强的忍耐。人要活着，必须以忍处世，忍穷、忍苦、忍难、忍气，也要忍富、忍乐、忍利、忍誉。以忍为动力的同时，还要发挥忍的生命力。

不可否认，钓鱼可以培养人的耐心和忍耐力。在水边一动不动，一坐就是半天，这本来就是一种修身养性的好方法。而且，钓鱼的地点大多是那些山明水秀的地方，看看远处的山，近处的水，心情自然美妙无比，心情一好，还有什么忍耐不了的？

是雨是晴，都在你心

风起旗动，风动还是旗动？佛曰：心动。物随心转，境由心造，烦恼皆由心生。一切皆心动而动，我们的心情更是如此。同样的半杯水，乐观的人会说还有半杯水，悲观的人只会抱怨只有半杯了。同是半杯水，不同心态的人看法却截然相反。

当我们开心的时候，我们会感觉斑驳的墙面也很可爱；当我们心情不好的时候，我们会觉得糖水也会淡而无味。很多事情，我们想它是怎样，它就是怎样，心中的晴雨表由自己描绘。

若我们常常感到活得很累，举步维艰，不能否认这跟现在的社会有着密切的联系，但这主要还在自己的内心。我们的心情取决于我们自己。当我们想的都是快乐的事情时，我们会感到心情舒畅，哪怕再棘手的事情也会感到没那么糟糕；反之，我们会很伤心，发生再快乐的事情，带给我们的幸福感也会大打折扣。

当我们总是在想失败的事情时，我们往往会丧失信心，结果只能是越来越失败；当我们总是想那些成功的过往时，我们的自信心就会得到加强，这对将来的成功，是一份不可多得的保障。

"想想你自己的幸福"，类似这样的话我们经常听到。当我们细细回味时，会发现在我们度过的大部分时间里，大多数时候还是不错的，甚至很多都给我们带来了幸福和快乐。不好的事情不是没有，只是和那些让我们快乐的事情相比，仿佛微不足道。如果我们想要快乐，就学会多想想那些快乐的时光，不要总是纠结于曾经的不快。实际上，那所谓的一点点不好，很大程度上是自己想象的。当我们突破了这些心理障碍，我们会拥有常人拥有不了的快乐。

王芳是一个普通的工薪阶层，刚搬进新房不久，她在一天早上醒来，发现地面上有一层水——房子被淹了。原来楼上的水管爆裂，水透过地板流了下来，她感到非常惊慌，不知所措，丈夫正在出差，她感到非常无助。

"想坐下来大哭一场，然后就去找楼上算账，这是我的第一个反应，"她这样说，"是为自己的损失悲伤。但是，我没有这样，我问自己，最坏的情形会怎样？"答案很简单：家具全泡坏了，需要重新购买，嵌板被泡得弯曲不平，还会留下水渍，需要重新装修，地毯也不会像以前那样柔顺了，更可怕的是楼上不会赔偿自己。

王芳越想越可怕，然而她很快便调整了过来，问自己："我能做什么来减轻损失呢？"她先把孩子叫醒，两个人一起把所有可以拿得动的家具搬到没有积水的地方。紧接着她给楼上的房主打了电话，把事情告诉他，并打电话给保洁公司，请地毯清洁工带着吸尘器来。完成这些后，她和孩子向邻居借了几台除湿机，希望能加速屋子的干燥。她将损失降到了最低，而楼上的房东也痛快地给了赔偿。等丈夫出差回来的时，仿佛一切没有发生似的。正是因为在发生了事情之后，王芳保持乐观的心情，积极补救，才将损失降到了最低。

事态是可以控制的，心情也是可以控制的。

富兰克林·罗斯福说过："一个人心灵的平静和生活的乐趣，并非取决于他拥有何物、何地位或置身于何种情境——总之，与个人的外在条件并无多大关系，而是取决于心理态度、精神追求。"心灵就

第四章
提升自控力，爱发脾气注定没有大格局

像一张白纸，如果我们将快乐涂在上面，就会出现一个个笑脸。所以，我们要学会积极地面对生活，学会让自己变得健康美丽，珍惜生命中的每一个瞬间。如此，这张纸会快乐的纯粹，会一直陪伴着我们，激励着我们。

一份好的心情，可以改变自己，也能感染他人，为社会传递正能量。想做一个快乐的人，就经常和快乐的人相处，保持一份好心情。凡事皆有利弊，要学会从不同的角度看待问题。

好的心态会造就好的心情，好的心情可以创造美好人生。

一位哲人说过："要么你去驾驭生命，要么生命驾驭你，你的心态决定谁是坐骑，谁是骑师"。不同的心态导致不同的心情，将来的人生自然也会因此不同。

生活中，我们常常就心态这个问题进行议论，可能根据一件小事去议论这个人的心态好坏。心态，是指一个人的心理状态，也可以说是一个人的心理素质。一个成熟的人往往能理智面对外在环境的变化，不管外部环境如何，都能保持平和的情绪。

我们不要总是斤斤计较，为一时的荣辱得失而争执不已，要学会大度，宽厚待人，保持豁达从容的心态，这样就会提升自己的思想境界。如此，我们就会拥有好心态，自然就会有好的心情去面对生活中的烦心事。

生活如一杯白开水，它的味道取决于我们的行动，加盐是咸的，加糖是甜的，放点辣椒面会让我们痛哭流涕。生活质量的高低要靠我们的心情去调剂。心情总是在左右我们的思想，思想决定我们的行动。当我们由衷地欣赏一个人的时候，我们会发现这个人身上有太多的闪光点。同时，我们的欣赏也会感染他人，当他心情好的时候，反过来也会影响我们，这是一个良性循环。

想要创造好心情，就要珍惜我们所拥有的，并保持平和的心态。当我们微笑的时候，世界也会还我们以微笑。

"人与人之间只有很小的差异，但这种很小的差异足以造成巨大的

差异!很小的差异就是所具备的心态是积极的还是消极的,巨大的差异就是成功与失败。"这是拿破仑·希尔的PMA黄金定律(即"积极心态)。

  事实的确如此,一念成佛,当我们拥有一个好的心态时,自然就会有一个好的心情,就会更加理性地对待问题,减少错误的产生,从而走上成功的道路。

  你的心态就是你真正的主人。是晴是雨,由你主宰。

第五章

愤怒是魔鬼,别让一时的冲动毁掉一生

不善于控制愤怒情绪的人,遇到小小的刺激就歇斯底里,显然无法掌控局面。有本事的人没脾气,是因为他们懂得控制情绪,内心拥有平和的力量。

第五章
愤怒是魔鬼，别让一时的冲动毁掉一生

何必怒上心头，看得开才能活得好

在日常工作和生活当中，我们时常会遭遇他人的拒绝、无理的批评、暗地里的嘲讽、针锋相对的侮辱以及无礼的轻视等，在心理学家看来，这些小事正是人们情绪失控，变得愤怒的导火索。很多时候，人们超级愤怒的事情只是一件小事，是糟糕的"情绪"让小事变成了大事，甚至酿成一发不可收拾的混乱结局。

从自身感受来看，高兴的情绪会给人带来轻松、愉悦的感觉，而愤怒则会令人陷入紧张、不安、焦躁之中，既然"生气"只会加重我们的心理负担，为什么还要和自己过不去呢？真正的智者不会在意那些会让自己发怒的事情，因为他们知道看得开才能活得好。

小默就职于一家大型国企，由于长相出挑，平时文艺活动中多才多艺，因此被推举为年终总结大会的主持人。

为了做好这次的主持工作，小默工作之余可下了不少功夫，收集整理各部门报上来的节目清单，自己一点一点写主持串词，向行政部门了解这次会议出席的领导以及各领导的发言致词等。除此之外，小默每天都早起半个小时练习发音，在总结大会前，还专门去定制了一套主持时的表演服。

在小默的期待中，年终总结大会终于开始了。看着舞台上的灯光亮起，她手拿话筒，脚踩高跟鞋朝着舞台中心走去。谁知，这时候发生了意外，兴许是高跟鞋太高，或者台阶比较滑，小默在走上舞台的台阶时直接摔了一个四脚朝天，紧接着全场都爆发出了"哄笑"，好在没有受伤，小默又羞愧又愤怒，因当众摔倒而羞愧，因大家"落井下石"的哄笑而愤怒，不过她深知，怒上心头只会让自己更难堪。

她快速地站起来，简单整理了一下衣物，然后重新挂上笑容，走到了舞台中心，一语双关地说道，"我为你们的热情'倾倒'了"。

这时，台下的人们又是一阵大笑，不过此时的笑声少了一些恶意，多了一丝温情。

总结大会结束后，小默摔倒的事情俨然成了最热门的"八卦"消息，不管是去卫生间，还是去茶水间，抑或是在午休间歇，小默都会听到各种各样的风言风语：

"不就是长得漂亮点吗，居然还那么爱出风头，果然老天也看不下去了，真是可惜，怎么就没摔毁容。"

"主持那姑娘是哪个部门的？摔得实在太搞笑了，不行了，一想起当时的情景，我就笑得停不下来，哈哈哈哈。"

"当着那么多人的面摔倒，丢脸死了，人家居然能当什么事都没发生过，这脸皮的厚度真是杠杠的。"

……

对于这些恶意的调侃和议论，小默没有暴跳如雷，也没有上前和他们理论，而是一笑了之，当作没听见。和小默关系很好的同事B对此十分不理解："这群人真是可恶，把自己的快乐建立在别人的痛苦之上，你就应该去狠狠教训他们一顿。"小默则笑着回应道："我愤怒地找他们理论，只会让他们多一些调侃我的谈资，为什么要为他们的刻薄惩罚我自己，只是被说几句而已，我不理会，他们自感没趣，很快就会消停的。"

遇到这样的事，换作旁人早就大发雷霆，但小默却能冷静坦然处之，这就是"自控"的力量。正如拿破仑所说，"当你处在愤怒时，任何一个人都可以把你打败"，如果不想轻易被周围人的流言蜚语中伤，如果不想轻易被人打败，那么就不要轻易怒上心头，唯有像小默一样看得开，才能活得更好。

人的情绪受大脑皮层的调节和控制，这就决定我们可以有意识地控制和调节自己的情绪。其实我们忍不住愤怒，会被冲动的情绪控制，都是因为"没有看开"，人只有拥有豁达的心境和超脱的心态，才能宠辱不惊，才能面对冷嘲热讽也毫无情绪波动。如果想拥有掌控情绪的力量，那么先从修"心"养"性"开始吧！

站在对方的角度考虑问题

　　心理学上有个词，叫作"同理心"，意思是能易地而处，设身处地地理解他人的情绪，感同身受地明白及体会身边人的处境，并可适切地回应其需要。具有"同理心"的人能从细微处体察到他人的需求，能以爱己之心来对待周围的人，无论做什么事都能将心比心，去体会别人的感受，去体察别人的处境，从而采取让人愉悦的行动，实现彼此关系的融洽。

　　换句话说，"同理心"也可以理解为"换位思考"，即站在对方的角度考虑问题。与朋友相处需要理解，与同事相处需要理解，甚至与家人相处也需要理解。显然，理解他人的前提之一就是能够站在对方的立场上看问题。

　　每一个人都具有一定的差异性，由于性格不同、经历不同、思维不同，在待人接物和处理事情上都会产生种种不同。在生活或工作中，一些鸡毛蒜皮之事常常成为矛盾的导火索，这便是缺乏理解的结果。

　　面对着可能出现的不理解，我们不妨把自己假想成对方，站在对方的角度、对方的位置、对方的处境、对方的立场和对方的角色上来思考问题，多想想："如果是我，我该怎么做？我会怎样选择？"

　　换位思考的前提是准确地换到对方的位置上，如果换位不到位，或是换位不换人，你的思考就达不到应有的效果。此外，换位思考的目的是思考，如果只换位不思考，换位思考就变得有名无实。

　　格兰特先生十年来一直经营着一家IT公司，公司运行得很好，格兰特在这一行也有了一些名气。在一年前出外考察时，他发现了一个很有发展前途的产业——高尔夫球场。回到家乡后，他带着梦想信心百倍地开始投资兴建。

　　由于这一产业牵涉面很广以及人们认识水平等局限，人单势孤的格兰特在耗费了大量资金后，项目却难以取得实质性进展。又过了几个月，他已将自己所有的资金都耗光了，眼看再也无法继续下去，无奈之下，他只好放弃了这个项目。

因为这个项目的失败，格兰特迫不得已变卖了新购的住宅，而且连他心爱的小跑车也脱了手，改以自行车代步。有一日，他和太太莎拉一起约了几对私交甚笃的夫妻出外游玩，其中一位朋友叫塔金顿，他刚刚结婚，带着新婚妻子伊迪斯也来了。伊迪斯还不了解格兰特夫妇的窘况，为了与莎拉拉近关系，就关切地问莎拉："你们怎么骑自行车来呀，这么远的路受得了吗？何必为省几个油钱，自己找罪受呢？"众位知情人听到她的话，一时错愕，莎拉一时也不知道该怎么回答她，塔金顿也着急地盯着妻子，不知道怎么向她解释，场面瞬时变得很尴尬。

这时，站在旁边的另一位朋友布兰德笑着说："夫人你落伍了吧，现在流行这么一句时尚的话，'请人吃饭，不如请人流汗'，他们俩啊，早走到了我们前面去赶时髦了，既时尚又可以锻炼身体，我们真应该向他们学习呢！"

布兰德的换位思考非常到位，也非常成功。他的一番话消除了场面的尴尬，众人都笑着将话题转移到了健身美容方面，格兰特夫妇向布兰德投去了感激的目光，他们为有这样一位能为自己考虑为自己解围的朋友而自豪。

随着社会的不断进步和发展，人们的交往越来越密切，人际关系也越来越复杂。所以，我们更要多站在他人的立场，为他人着想，顾及他人的颜面，搞好人际关系。

站在他人的立场上看问题，给对方以足够的理解，这是生活的一种方法、一种智慧、一种境界、一种爱护、一种体贴、一种宽容。生活中，我们都有被"冒犯"和"误解"的时候，如果对此耿耿于怀，心中就会有解不开的"疙瘩"；如果能深入体察对方的内心世界，或许就可以形成一致意见，达成共识。这样，理解就可以为我们的交际、我们的事业带来莫大帮助。

在与人打交道时，每个人的经历、学识、地位和利益不同，同事、朋友之间共事或合作必然会有摩擦和矛盾，坚持原则是必要的，但更重要的是相互谅解和宽容，做到办事情、想问题首先想到别人，多站在对方的立场上思考问题，替对方打算。在遇到同自己意见不一致甚至相违背的见解时能听得进去，或者经常替别人想想；对自己看不惯的行为，做到豁达大度，对方自然就会把你当成知心朋友。

每个人都看重自己的利益，但是处置各种关系的时候，如果你首先考虑对方的利益，善于站在对方的立场上考虑问题，那么双方就容易成为密切合作的伙伴。

当我们遇到不快的事，就容易产生暴躁、愤怒、惊恐等不良情绪。这时，如果能够换位思考，平静面对问题，那么既控制住了不良情绪，不致伤害人际关系，又有利于问题的解决。可见，在人际交往中，要多体谅他人，多做换位思考，宽让别人，虚心接纳他人的意见，不经意间，你就会发现通向成功的路。如果你能够从别人的角度着想，你就会不难实施有效的沟通，别人也会乐意与你常来常往，因为对方会感受到你是一个通情达理的人。

与人相处，要多体谅他人，多做换位思考，减少对立的情形。事后你会发现，宽让别人，站在对方的角度考虑问题，这不仅有助于你创造一个和谐融洽的氛围，开辟出通向成功的宽阔之路，而且会使你活得轻松愉快，活得充实而有意义。没有人喜欢与人交恶，人人都渴望得到他人的顺从，秉承这种人性的特点与人相处，自然有助于我们实现良好的预期目标。

修炼容忍之道，不要败给"火气将军"

如今社会发展越来越快，竞争越来越激烈，人与人之间的交往越来越密切的同时，摩擦和矛盾也随之增加。"低容忍""高爆发"已经成为现代都市人的两个鲜明特征。看到有人在拥挤的地铁上吃东西，忍不住要发泄几句；新人经验不足做错事，更是忍不住怒火中烧，劈头盖脸地批评一通……

近年来，因瞪别人一眼被毁容，因咒骂别人一句被打，因一个白眼就被人捅刀的事件越来越多，这也充分说明现在每个人的火气都很大，只不过有些人的火气只是在嘴上过过瘾，而有些人则是用攻击性的行为说话。

繁忙的工作，巨大的工作压力，激烈的竞争环境，使得人们难免焦躁、烦闷，如果不能很好地控制自己的情绪，不能宽心容忍生活和工作中的小摩擦，那么很可能会招来无法预料的祸患。

阿龙毕业仅半年就换了四家公司，没有一家公司能够干满试用期，苦闷不已的阿龙找自己的好朋友小C喝酒倾诉，酒过三巡，阿龙十分愤慨地说道："我找的工作怎么全都是奇葩公司，我倒是想一直坚持好好干下去，可根本不能忍啊！"

小C比阿龙毕业早两年，自毕业后一直在一家公司工作，由于平时工作认真努力，还被领导提拔成了一个小领导，看到阿龙在职场上屡屡受挫，他也非常希望能够给阿龙一些好的意见和建议，因此十分热心地说道："这四家公司都是什么情况，你说说为什么坚持不下去，我帮你分析分析。"

阿龙工作的第一家公司各方面条件倒是不错，有专门的下午茶时间，不限量供应各种零食、水果，还有免费的咖啡等饮料，面试时谈的薪资也比较优厚。辞职主要是因为领导动不动就劈头盖脸地批评人，从小到大，连父母都没说过阿龙一句重话，所以他自然很生气地顶撞回去，发展到后来与领导一见面就争吵，实在待不下去了只好递交了辞职申请。

第二家公司的领导比较平和、有耐心，阿龙遇到难题，领导都会笑眯眯地传授工作经验和技巧办法等。可也不知道是怎么回事，明明面试时说好工资是每月月底结，可拖延了好几天都没发工资，阿龙忍无可忍地跑去找老板质问："月底发工资，现在都过去一周了还没发，这已经

第五章

愤怒是魔鬼，别让一时的冲动毁掉一生

违反了劳动法……"老板一听也火了，结果闹了一个不欢而散，为了避免尴尬，阿龙选择了辞职。

第三家公司，阿龙本来应聘的是经理助理，但去上班没几天，人事就找他谈话，希望他能够遵照公司需要，协助业务人员做客户售后回访工作。阿龙一听非常生气，"你们招聘的时候招的是经理助理，我这才进来几天就让我转岗，对不起我不愿意，你们再重新招聘吧"，阿龙干脆利索地又离职了。

第四家公司，作为新人，阿龙的工作非常清闲，所以经理时不时就会给阿龙安排一些职责范围之外的小事，比如整理会议记录，采购办公用品，收发快递等。起初阿龙勉强还能忍，时间一长，这些事情不仅没有减少，反而越来越多，阿龙可不想变成"打杂人员"，所以忍不住爆发了，最终还是没能避免走上"离职"这条路。

不管是工作还是生活，总是有各种不如意的地方，如果事事都难以容忍，事事都要用发火、争吵的办法解决，那么结果只会像阿龙一样处处碰壁。

既然我们不是上帝，无法让未来的路变成坦途，那么就必须要修炼容忍之道。当被上司批评时，即使怒火中烧也要忍住不顶撞；当被同事暗地里讥讽时，即使明明听到了也要忍住不爆发；当被挫折和困难折磨得心烦气躁时，即使想撂挑子不干也要忍住这股冲动，继续坚持下去……

人们常说，"大丈夫能屈能伸"，一个真正有所作为的人，必定是一个极为克制的人，该忍时能忍辱负重，该硬时能铮铮铁骨宁折不弯，这才是"大丈夫"的风骨。所以遇事千万不要败给"火气将军"，忍一忍，退一步很可能就会柳暗花明，迎来一个姹紫嫣红的事业之春。

学会克制自己

坏情绪是一个利刃，一不小心就会给自己造成伤害。但是只要你学会克制它，就如同学会如何利用这把利刃一样，最后变成你成功的武器。一个成功的人不是只靠能力,有时候适当的自我克制也是成功的一大法宝。

歌德说:"谁不能克制自己,他就永远是个奴隶。"我们的生活就在不断诠释这个道理——善于克制自己,才有可能走向成功,拥有完美无憾的人生。而克制不住激情和欲望的魔力,被它们所牵制,扬其波逐其流,难以成就事业,甚至走向自取灭亡的可悲境地。

一个商人需要一个小伙计,他在商店的窗户上贴了一张独特的广告:"招聘:一个能自我克制的男士。每星期40美元,合适者可以拿60美元。""自我克制"这个术语引起了争论,自然也引来了众多求职者。

每个求职者都要经过一个特别的考试。卡特也来应聘,他忐忑地等待着,终于,该他出场了。

"能阅读吗?"

"能,先生。"

"你能读一读这一段吗?"他把一张报纸放在卡特的面前。

"可以,先生。"

"你能一刻不停顿地朗读吗?"

"可以,先生。"

"很好,跟我来。"商人把卡特带到他的私人办公室,然后把门关上。他把这张报纸送到卡特手上,上面印着卡特答应不停顿地读完的那一段文字。

阅读刚一开始,商人就放出6只可爱的小狗,小狗跑到卡特的脚边。这太过分了。许多应聘者都因经受不住诱惑要看看美丽的小狗,视线离开了阅读材料,因此而被淘汰。但是,卡特始终没有忘记自己的角色,在排在他前面的70个人失败之后,他不受诱惑一口气读完了材料。

商人很高兴,他问卡特:"你在读书的时候没有注意到你脚边的小狗吗?"

卡特答道:"对,先生。"

"我想你应该知道它们的存在,对吗?"

第五章

愤怒是魔鬼，别让一时的冲动毁掉一生

"对，先生。"

"那么，为什么你不看一看它们？"

"因为你告诉过我要不停顿地读完这一段。"

"你总是遵守你的诺言吗？"

"的确是，我总是努力地去做，先生。"

商人在办公室里来回走着，突然高兴地说道："你就是我想要的人。"

人吃五谷杂粮，七情六欲天生附体，因而，易于产生放纵之心而失去理智。于是，在人的灵魂和肉体里，便多出一种不可或缺的主宰力量——克制力。

人之区别于动物很重要的一点就是人有克制力。这种克制力大大超出了动物的本性。在很多时候，人与人的差别，正是体现在克制力上。

相传，仪狄造酒献给大禹，大禹尝了之后认为味道很好，感叹道："后世一定有因为纵酒而亡国的啊"，于是疏远了仪狄，从此不再饮酒。而后世的事实证明了大禹预见的准确性，的确有许多君主因为纵情于酒色而亡国。大禹"杜酒防微"之举，正是自我克制的绝佳范例。

每个人在走向成功的道路上，都可能遇到形形色色的诱惑，闪现出本能的贪欲。如何消除贪欲之心，免去贪欲之害？只有克制。"无求于物心常乐，自静其事品自高。"老子也曾说："见欲而止为德"。如若克制不住自己，那么"一念之欲不能制，而祸流于滔天。"往往会在贪欲中开始，在牢狱中结束。

因为人的欲望无穷期，所以克制自己，并非易事。只有常怀律己之心，常思贪欲之害，不该自己管的事不插手，不该自己拿的东西不伸手，始终保持一颗平常心、平民心、好人心，如此这般，才能克制欲望的纷扰，心胸坦荡地走好人生之路。

克制自己，就是完善自己、成就自己。怎样才能成功地克制自己呢？

（1）当你生气或难过的时候，你可以选择离开，然后去做你喜欢的运动，让自己冷静下来并且有发泄的机会。当你冷静下来的时候，头脑比较清醒，到时候再来慢慢去处理自己的情绪，记得要好好去处理而不是逃避或搁置在一旁。

（2）有时候情绪的到来是因为我们的负面想法所造成的，所以当有情绪的时候，我们可以试试看转换一下自己的想法，多做一些正面的思考，这样或许就可以减少自己的负面情绪。

（3）当你很生气一个人的时候，你用平静的语气跟当事人好好地谈谈，这也是一个处理情绪的最好方法，跟对方说为什么你生气，有什么解决的方法，也许会更融洽的解决问题。

冷静下来，对自己说"不要紧"

人生的道路上，无论我们有多好的条件，失意的事情总是不可避免。如果因此这样，我们就抱怨老天不公平，进而祈求老天赐给我们更多的力量，帮助我们渡过难关，这着实是个幼稚的行为，更是不健康的心理状态。实际上，老天是最公平的，失意同样有它存在的价值。

一位哈佛大学教授说："我有句三字箴言要奉送各位，它能使你们心境平和，对你们会大有帮助，这三个字就是：'不要紧'。"当受到打击时，可以对自己说声"不要紧"，振奋精神，勇敢地面对命运的挑战；当你受到挫折时，可以对自己说声"不要紧"，你就有勇气再去面对未来，再攀高峰。

假如你经常因为挫折而困扰，建议你在笔记本上端端正正地写上"不要紧"三个大字，它可提醒你一切即将过去，新的一页又会随即翻开。

人生在世，有许多使我们的平和心情和快乐受到威胁的事情，实际上细想开来，是不要紧的，或者不像我们所想象的那样要紧。或许你会因一时的疏忽漏做一道考题，或许你因无意的举动而受到一次批评，或许你会因偶尔的闪失而错过一次机会，每当此时，请你悄悄地对自己说：不要紧。

1969年，约翰·库缇斯在医院出生。第一眼看到约翰，父亲伤心极了——小家伙只有可口可乐罐子那么大，腿是畸形的，而且没有肛门，

第五章
愤怒是魔鬼，别让一时的冲动毁掉一生

躺在观察室里面奄奄一息。医生告诉约翰父亲，孩子几乎不可能活过24小时，还是给他准备后事吧。所幸他活了下来，但是他注定不能像正常人一样走路了。

天生的残疾注定约翰·库缇斯从小要经受很多常人难以想象的磨难。9岁的时候，约翰·库缇斯上学了。他天生倔强，虽然肢体残疾，但仍坚持到一所健康孩子的小学里读书，但那时调皮的孩子把约翰当成怪物，经常追得他乱跑。一天，淘气的学生竟然把他绑起来，用胶布封上嘴，扔到垃圾桶里，然后点上火，他差点被活活烧死。一股浓烟弥漫开来，周围都是垃圾烧着的声音，幸得老师解救才免遭厄运。他曾被人吊在转动的风扇下；他的同学还恶作剧地在他要走的路上撒满图钉，使他双手鲜血淋漓……

15岁那年，他去参加考试，为了答题姿势舒服一些，他把两条腿"像青蛙一样"跷在后边，可是等考完出来后才发现，两条毫无知觉的腿上被同学用铅笔刀割出了一道道血口子，上面还插着针、铅笔，三个脚指头被割断，15岁的约翰黯然爬开，身后留下了一条血路。

他也曾经一度消沉，不愿面对这个世界，甚至曾经试图自杀，在母亲的劝解下，约翰放弃了轻生的念头。"永远都不要认为自己很惨，世界上比你更惨的人多的是。"现在回忆起来，约翰幽默地说，"不要紧，至少，那时我闭着眼睛也能很快安装好被折散的轮椅。"

现在约翰成了世界级的励志大师，不仅仅如此，他还以一个残疾人的身份学会了打板球，还获得了澳大利亚残疾人网球赛的冠军。其实，你很难想象这些傲人的成绩是一位没有下半身的人取得的。

约翰的事例告诉我们，无论你觉得自己多么不幸，都要对自己说"不要紧"，这个世界上总会有人比你更加不幸；无论你觉得自己多么了不起，这个世界上总有人比你更强。你永远不是那个最倒霉的，既然没有到谷底，那么人生还有希望，不是吗？我们总是想着自己失去的，觉得我们一无所有，但是当每天醒来的时候，我们还有健全的四肢和清醒的头脑，不是吗？为什么要自怨自艾，而不去想办法改变现状呢？当我们走到谷底的时候，不也就是峰回路转的时候吗？

　　一个人，在生命的长河里搏击，总会有许多不如意之事，许多威胁我们健康情绪的事是无关紧要或不像我们所以为的那样有关紧要的。生命是由多数的必然和个别的偶然组成的，只要我们能把握必然，就能驾驭命运的契机，使其沿着应有的轨迹运行。如果对那些无关紧要的事太介意，你就会被生活所压倒，由无数个必然构筑起来的世界反倒会因此而倒塌。

第六章

掌控情绪，不再为小事抓狂

在我们身边，许多人郁郁不得志，说到底是脾气太差的缘故。他们不善于掌控情绪，经常为小事抓狂，所以生活毫无条理，工作也没有起色。他们头脑一热，什么蠢事都做得出：或因无关紧要的谈话而斗殴，抑或只要别人吐点苦水，就忍不住当圣母，犯下根本性错误……你是"情绪"的傀儡吗？其实，只要你的情绪不失控，整个世界都可以成为你的表演舞台。

第六章

掌控情绪，不再为小事抓狂

学会放宽心，从现在开始，甩开坏情绪

情绪构成了人类丰富的情感元素和旺盛的生命力，不过一旦处理不好，就很可能会沦为消极情绪的奴隶。当你情绪糟糕时，一定要引起警惕，尽可能地保持理智和自控力，只有这样才能免受消极情绪的影响，活得轻松健康。

坏情绪不仅会影响我们的心情，还会影响人体的健康和寿命。美国心理学家艾尔玛曾做过一个情绪与健康的实验：

他用不同的玻璃管来收集人处于不同情绪时呼出的"水蒸气"，然后将这些玻璃管插入一个装满冰水混合物的容器中，以便使"水汽"尽快凝结。实验结果显示：人在情绪平和时呼出的气体凝结后清澈透明，没有什么杂质；而人在愤怒时呼出的气体凝结后是"紫色"的，且有不少沉淀物，艾尔玛将这种有颜色的凝结水注入健康小白鼠的身体，一段时间后，小白鼠因此而死亡。

这个实验结果是非常惊人的，它充分证明了坏情绪的"杀伤力"，试想，如果一个人经常发怒，身体必然会产生更多类似的有毒有害物质，这些物质的积累必然会对人体的健康和寿命产生非常重大的影响。

不管是为了自己的身体健康着想，还是想让生活变得更轻松快乐，我们都要坚决与"坏情绪"做斗争。

阿特是一个典型的悲观主义者，不管遇到什么事情总是会不由自主地往坏处想，过度的思虑让他显得很"老成"。明明是二十多岁的青年，浑身却散发着垂垂老者的"沧桑感"，每每想到未来有无数的困难，阿特就会生出"人活着好艰难""为什么要这么辛苦地活着"等厌世思想，甚至有好几次都产生了非常强烈的自杀冲动。

这已经不仅仅是坏情绪的问题了，阿特意识到，如果放任这种情绪演变成一种习惯，那么自己很有可能会真的自杀，于是他开始频繁去佛

堂，找佛教大师开解自己。

"一念一菩提，一花一世界。人的内心怎么想，你的世界就是什么样。不论穷富，不分贵贱，不论尊卑，每个人都会有嗔、有痴、有怒，关键看你的心里怎么想。心窄，路自然也不会宽，心宽了，再大的烦心事也不过是过眼烟云，过眼即忘……"

大师的开解让阿特醍醐灌顶，在意得越多，烦恼自然就会越多，如果心放宽点，还有什么可计较的呢？自此以后，阿特每天醒来都会对着镜子笑一笑，当情绪特别消极时，就会放下手头的事情，听一听欢乐的音乐，或出去运动跑一圈，或静下心来抄一抄佛经，整个人的情绪也平和了很多，即便遇到非常难以解决的大事，也不会像以前那般愁眉苦脸，日日寡欢了。

干什么都没意思，什么都提不起兴趣；看谁都不顺眼，没有理由地想发火；每次和恋人吵架都会去疯狂购物，买回一堆又贵又没用的东西……如果你时常会有这样的表现，那么就要特别注意了，这说明你的坏情绪已经堆积到了危险的边缘，要想甩开坏情绪，需要从现在开始，立即调整心态，学会放宽心。

（1）积极情绪驱逐消极情绪。

当你陷入悲观和消极的情绪中时，不要纵容自己在消极中沉沦，一定要有意识地调整自己的情绪状态，赶走坏情绪的最好办法就是保持一个积极乐观的好心态，所以情绪糟糕时不妨去看喜剧、听笑话、谈论有趣的事，这些活动都能将你从坏情绪中拉出来。

（2）不要受他人消极情绪的影响。

在心理学领域，有一个著名的"踢猫效应"，当父母在工作中受气后，回到家中往往会无意识地把这种情绪传递给孩子，孩子则会通过"踢猫"来发泄自己的坏情绪。坏情绪具有非常强大的传染力，所以不管是在日常生活中，还是在繁忙的工作中，都要坚定自己的心智，不要轻易地被他人的消极情绪所感染。

第六章

掌控情绪，不再为小事抓狂

情绪不稳定时更需要深思熟虑

情绪不稳定的时候，我们在行动以及决策时更容易受到不良情绪的影响，可是令人遗憾的是，绝大多数人无法判断自己的情绪是否处在一个稳定状态。

尽管人们每天都会有不同的情绪，但实际上绝大多数人并没有深刻了解情绪，在遭受负面情绪和感受折磨时，我们往往只顾沉溺在或"难过"或"愤怒"之中，而忽视了自己的真正感受。要想清楚界定自己的情绪是否稳定，我们就必须要学会捕捉自己的情绪信号。

第一步，认真体会自己的感受。

静下心来，仔细体会一下"我现在的感受是怎样的？"如果你的第一情绪是"我很伤心"，那么接下来就要问问自己，"除了伤心，我还有其他情绪吗？我为什么伤心，是真的伤心，还是付出没得到回报后的不甘心，抑或期待落空后的挫败感"，最后要评估一下自己的情绪强烈程度，可以分情绪非常激动，情绪有点激动，情绪轻微波动三个等级给自己此时的情绪打分，这有助于我们更深入地了解自己的情绪状态。

第二步，掌握情绪的平衡之术。

尽管情绪不直接产生力量，但对人所造成的行动影响却是非常巨大的，如果你正陷入消极的情绪之中，那么在初步确定了自己的真实感受后，就要学会调整自己的情绪，使其处于一个比较平稳的状态。

比如，当你非常悲伤的时候，就要有意识地去想一些快乐的事情，去做一些能让自己高兴起来的事情，如此一来我们的情绪自然就会趋于稳定。值得注意的是，在自身真实感受比较糟糕的情况下，尽量不要做决定，最好什么都不做，静心下来调整情绪，等情绪平稳下来再行动。

米莉是一个比较情绪化的女生，因为"情绪不好"，她没少做让自己后悔的事情。前段时间，谈了四年的初恋男友劈腿，失恋后的米莉情绪十分糟糕，每天郁郁寡欢，上班什么事都不想做，下班了宅在家里连饭都懒得吃，拿着手机一次次拨打对方的电话号码，但听筒里只有机械的女声回应道："对不起，您拨打的号码是空号，请您查证后再拨。"米莉常常是执着地一边拨着电话一边流泪。

好朋友看到米莉的状态十分担心，于是开解道："不就是个男人吗，分了就分了，他不爱你，咱们自己爱自己，周末一起去购物，女人就得对自己好一点。"

到了周末，米莉和好朋友一起去逛商场，其实米莉的收入并不高，但由于情绪状态不好，一冲动就带着信用卡，拉着自己的好朋友进了一家非常高档的商场，一口气买了很多东西：五千多元的大衣，一千多元的长靴，两千多元的包包，高档的化妆品、护肤品……当天，米莉趾高气扬地拎着一大堆战利品回家，心里恨恨地想"和你在一起的时候，这也舍不得买，那也舍不得买，结果你却不珍惜，现在我想买就买，没你照样过得滋润。"

不过，很快米莉就为自己的"冲动购物"开始后悔，当看到信用卡的还款账单时，米莉感到十分吃惊，周末一天的购物，自己竟然刷掉了差不多两万块。这对于没有任何存款，月薪只有四千元的米莉来说，无疑是一笔不小的债务，就因为一时冲动，米莉节衣缩食，还了半年的信用卡。

其实，现实生活中，像米莉这样在"情绪"不稳定时做出冲动行为的人并不在少数，当时可能很痛快，但事后却常常会悔恨不已，为了避免这种情况发生，越是在自己情绪不佳的时候，越要三思而后行。

有些人为了躲避糟糕的情绪，往往会借助网游、酗酒、赌博、暴食，甚至吸毒等来发泄，转移注意力，这是万万要不得的，一旦沾上这些不良恶习，很有可能会毁掉自己的一生。

控制情绪才能改变生活

人是有感情的动物，因生活的酸甜苦辣而生出喜怒哀乐是人之常情。但是，不加节制地表达自己的喜怒哀乐，任由各种情绪为非作歹，

第六章
掌控情绪，不再为小事抓狂

就会给生活带来无尽的烦恼。生活中，我们每一个人都或多或少遇到过一些挫折，不良情绪总会趁机跳出作乱。自我否定后，我们能享受到一时的轻松和安逸，结果却让我们意志消沉，战胜自我的信心消失殆尽；抱怨声中，我们能得到片刻的安慰和解脱，结果却是因小失大，让我们在无形中忽略了主宰生活的职责。

所以，在逆境中，受不良情绪控制，做不良情绪的奴隶，我们将走向自暴自弃的深渊。要摆脱被动地位，就要求我们学会控制自己的情绪。当处于情绪的低谷时，多给自己一些积极的暗示，这样我们的自主性就会被启动，沿着它走下去就是一个崭新的天地。

爱情的甜蜜、事业的成功、家人的团聚都是带给我们快乐的事情。我们会欢欣鼓舞，会欢闹庆祝，会给生活一个大大的笑容。但是，物极必反、乐极生悲，如果不适时调整情绪的话，我们就会因得意忘形而做些之后追悔莫及的事情，我们会因为幸福与成功太多、太大而不懂得珍惜，我们会因为太过张扬而成为众矢之的。

丽萨的脾气从小就不好。上学的时候，同学们之间没有什么利益关系，她的坏脾气也没有给她带来什么大的烦恼。但是，工作了之后，她的苦恼就接踵而至。

丽萨的工作非常好，在一家公司做会计，会计人员每天都要面对大量烦琐的数据，总会心烦意乱。丽萨第一次发脾气是在工作一个星期的时候，那天她负责的一组数据一直核对不正确，她简直要气炸了，电脑旁边的文竹都已经被她一根一根地拔掉了。这时候，上司开始来催要数据，看到丽萨还在核对就批评了她几句。丽萨从一开始上班就很讨厌这个飞扬跋扈的上司，这时又正在气头上，她不计后果地把文件摔在了桌子上，和上司大吵了起来。上司显然没有被人大吼大叫过，几分钟后，才回过神来。这件事之后，丽萨就被降职了。

顶撞上司的后果是被降职或者开除，而对同事朋友撒气的结果就是被孤立。最近，丽萨明显地发现同事们都在躲着她，原来的朋友聚会逛街也很少再叫上她，她非常苦恼。下班后，她没有事情做就回家看望妈妈。妈妈看到她回来非常高兴，做了许多她爱吃的菜，她却因为妈妈一句不经意的话，和妈妈大吵起来。吵完之后，她开始哭泣。妈妈知道她肯定是在外面遇到了什么不开心的事，就来安慰她："不高兴的事情总会过去的，开心点。"

丽萨把最近的困惑告诉了妈妈。妈妈笑着说："那都是你的脾气在作怪。"

丽萨说："可是情绪一上来，我就控制不住自己。"

妈妈说："人要做情绪的主人，不能成为情绪的奴隶。当你要生气的时候，就掐自己一把，告诫自己如果这把火发出去，你受到的惩罚将比掐自己一把痛上千万倍。"

丽萨开始试着控制自己的情绪，慢慢地她发现原来人的情绪真的可以由自己掌控。

调整、控制情绪其实并没有我们想象的那么难。输入自我控制的意识是开始驾驭自己情绪的关键一步。经常提醒自己，自觉注意自己的言行，主动调整情绪，我们就能在潜移默化中拥有一个健康和成熟的情绪。另外，转移注意力的方法也非常实用。当我们受到不良情绪影响时，要试着把注意力转移到我们喜欢的事情上去，比如进行一次郊游、欣赏一场歌舞表演，这样就可以尽量避免不良情绪的强烈撞击，减少心理创伤，以便情绪的及时稳定。

所以，我们要加强理智对情绪的调控作用，时刻注意保持适度的冷静和清醒。在欢乐、顺心时，主动降温；遇苦闷或情绪转入低谷时，主动调整状态。如此这般，我们就能成为情绪的调节师，做生活的主人。

哈佛大学通过研究认为，愤怒，尤其是那些无谓愤怒情绪的产生，是一个人心理情绪失控的产物。一个善于控制自己感情的人会经常锻炼自己的情绪，那么怎样才能掌控自己的情绪呢？

（1）状态不好的时候换个事来做。

状态不好的时候，不要再勉强自己。给心灵放个假，到山水中放逐自己，借助自然界一草一木的灵性来驱散心中的不快，或者用感兴趣的事情抚慰疲倦的身心，涤尽工作上、情绪上、思想上的烦累。换个事情来做，它赐予你的将是一片灿烂和希望。

（2）尽量推迟发怒的时间。

想象自己的嘴上贴了一个"密封胶带"，反复告诉自己当心中有怒气的时候，千万别立刻发泄，否则就会"伤"了自己。当你准备发怒的时候，先想想后果会是什么。把发怒时间推迟 15 秒钟，下次推迟 30 秒钟再发火。不断延缓发怒时间，以致完全消灭怒气。其实，约束愤怒并不等于压迫愤怒，而是把愤怒引导为一种行为，用到增进自己的事业上来。

情绪糟糕时，请不要做任何决定

当你有情绪的时候，不妨停下来冷静一下再做决定。当你冲动、愤怒、烦躁的时候，会对你的决策结果造成负面影响。人在情绪糟糕的时候，意志最为薄弱，在这个时候无论我们做出什么样的决定，事后一定会追悔莫及。但是覆水难收，一旦事情完成就再难挽回。当你生气的时候，你所说的每一句话都像是一把利剑，直刺人心，对人造成无穷的伤害。

语言的力量是无穷无尽的，它既可以像一盏指路明灯，也可以像一把杀人于无形的利剑。为了不让我们的身边人受到伤害，为了不让我们一时冲动做出无法挽回的决定，在你情绪糟糕的时候，千万不要做出任何决定。

为什么人与人之间会有情绪的抵触与对抗呢？因为每个人都想证明自己是对的，一件事情把它界定为对或错的时候，就会出现各种问题。当你认为这件事情是正确的时候，事实上却是错误的，但你不愿承认错误，因此就会与人产生各种矛盾和冲突。糟糕的情绪影响了我们对事物的判断，当你有情绪的时候，请放下错误的观念，让自己冷静下来。在这个关键的时候，请不要做出任何冲动的举动，也不要做出任何决定，因为一切都是莽撞的结果，事后你一定会追悔莫及。

　　二战结束后，就在美国人民沉浸在胜利的喜悦中时，住在俄亥俄州的劳拉却迎来了人生中最黑暗的一天，军队发了一封电报给她，告知她的侄子不幸在战争中牺牲。一直以来，侄子都是劳拉生活中的希望和快乐的源泉，两个人相依为伴过了二十多年的美好时光，但从此以后，劳拉只能一个人独自生活了。

　　悲痛欲绝的劳拉觉得人生已经没有了希望，在痛苦之中，劳拉决定放弃现在的工作，离开这里，去一个没有人烟的地方度过后半生，把自己藏在眼泪和悔恨之中。就在劳拉整理东西准备去跟公司辞职的时候，她忽然发现了一封早年侄子写给自己的慰问信。信上写道："亲爱的劳拉阿姨，我永远不会忘记你曾经教会我的道理：不论生活在哪里，不论我们分别得有多远，我都会永远记得笑对人生，像一个坚强的男子汉，面对生活，面对所有的不幸和苦难。"

　　劳拉拿着这封信，一遍一遍地读着，她似乎觉得侄子此时就在身边，正在对自己说："为什么你不按照你教给我的办法去做呢？撑下去，别冲动地辞职。我知道你现在很痛苦，但当你清醒的时候，你会发现此时做出的决定是多么得幼稚。"劳拉泣不成声，她开始失声痛哭起来，哭过之后，劳拉决定打消辞职的念头，她不能活在痛苦的回忆中，为了自己的侄子，为了自己，都应该坚强积极地生活下去。

　　有了这个念头，劳拉开始更用心地工作，她开始写信给前方的士兵，给那些同样失去亲人的家庭寄去思念和关爱。从此，劳拉的生活充满了快乐，正如她对自己说的那样："永远不要让糟糕的心情冲昏头脑，不要在冲动的时候做决定。"

　　心理学家曾经调查过无数的案例，很多罪犯在行凶的时候都是被糟糕的情绪冲昏了头脑，当愤怒战胜了理智，以至于他们丧失了最基本的判断与核实的步骤。其实这是所有人的通病，别人的一个眼神、一句言语、一个动作都能让自己的内心激起波澜。当你心情烦闷的时候，理智也降到了最低点，而此时你做出的任何决定都会让你后悔莫及。

第六章

掌控情绪，不再为小事抓狂

别因小事垂头丧气

我们常常会为一些不值得注意，也应当是迅速忘记的小事而干扰了理智。在现实生活中，有多少口角、斗争和矛盾是出于冲动而造成的呢？其实，生活中的这些小事根本不值得我们沮丧，只要稍微忍耐一下，便会烟消云散。我们的生命不过几十年的时间，然而我们大部分的生命都浪费在无聊的琐事上。

英国著名作家狄斯累利曾经说过："岁月匆匆，不应该为小事而忧虑沮丧。"当我们把这句话在心中默念的时候，它就能帮助我们忘记许多不愉快的记忆。是啊，生命是如此的短暂，我们应该把有限的时间投入到美好的生活中，哪还有时间注意鸡毛蒜皮的小事呢？时过境迁，当我们暮年的时候回首走过的岁月，心中一定留下很多遗憾。早知当初，何必为微不足道的小事而浪费宝贵时光。我们不能这样生活，我们应当把自己宝贵的生命奉献给有价值的事业和崇高的感情中，只有事业和感情才能永恒地传递下去。

在一辆公交车上，一个男青年突然朝地上吐了一口痰。售票员看到了，便好心提醒他："同志，为了保持车内的清洁卫生，请不要随地吐痰。"谁知那名男青年听完，白了售票员一眼，破口大骂道："关你屁事。"说完，又狠狠地朝地上吐了几口痰。

这时，周围的乘客受不了了，大家纷纷指责男青年的行为，并且为售票员抱不平。有位老大妈走上前对男青年说："小伙子，公交车是公共场所，要保持卫生的，你这样吐痰多脏啊，会传染疾病的。"男青年根本不在意别人的指责，依然我行我素地朝着售票员谩骂，骂她多管闲事。

只见这个年轻的售票员，脸色涨得通红，眼泪在眼眶中打转，但售票员深吸一口气，平定了情绪，平静地看着男青年，然后对大家说："没什么事，大家都回座位坐好，注意安全。"说完，从一个袋子里拿出一张手纸，弯腰把地上的痰迹擦掉，扔到了垃圾桶里，然后若无其事地回到座位上。

车上顿时鸦雀无声，大家看到售票员的这一举动颇有些吃惊。按理说大家对随地吐痰的事情都司空见惯了，很少有人会在意，这名售票员的举动让大家愣住了。那名男青年更是羞愧难当，脸上的表情也不自然了。

面对辱骂，售票员如果压抑不住内心的情绪上前和他争论，只能扩大事态；与之对骂则又损害了形象；默不作声，又只能让自己一个人暗自沮丧。这位售票员选择让大家回到座位，选择淡化眼前的争端，缓解了紧张的气氛，随后又将痰迹擦掉，做了表率的举动。这无声的举动比任何言语的表达都有说服力，不仅教育了男青年，更给大家上了一堂生动的人生哲理课。

我们千万不能让自己因为微不足道的小事而扰乱了心智，不管是沮丧还是生气都是不值得的。我们应该放宽心胸，让自己可爱一些，活得快乐一些。那么，我们该如何做呢？

首先，克制唠叨。俗话说，简洁是智慧的灵魂。话说得越多越没有力量。凡是有思想的人物，从来都是言简意赅的表达思想。很多人常常会为一点小事而开始无休止地唠叨不停，这无尽的抱怨之声只会徒增烦恼，损害感情。一个人的幸福生活从你的唠叨声中开始出现裂痕，如果想要获得幸福的生活，就不要让唠叨侵蚀了你的人生。

其次，当你与别人发生不愉快的事情后，要保持冷静的心态。在不愉快发生时不要唠叨不停，要冷静地分析问题的原因，用和谐的方式解决。

再次，不要太在意小事情。有些人往往会因为鸡毛蒜皮的小事而大动肝火，其实这样只会让自己痛苦。如果你对芝麻大的小事也会生气，早晚会精神崩溃。

最后，放宽心胸。要想少一些牢骚，就要提高自身修养。要学会用

第六章
掌控情绪，不再为小事抓狂

宽容幽默的态度对待生活中的不如意，而不是每天自怨自艾，让自己在沮丧中度过每一天。在对待他人时，要提倡"委曲求全"，不苛刻待人。要知道，没有人愿意和锱铢必较的人做朋友，谁也不爱和苛刻的人交心。

永远不要选择情绪对抗

在肯尼迪·古迪的《怎样让人们变成黄金》一书中有这样一段话："停下来，用数秒钟的时间比较一下，你是如何关心自己的事情和关心他人的事情的，然后你就会理解，别人也和你一样。而你一旦掌握了这个诀窍，就会像罗斯福和林肯一样，拥有了做任何事的坚实基础。换言之，和别人相处的关系怎样，完全取决于你在多大程度上替别人着想了。"

在很多的情况下，也许会因为一个小小的情绪变化陷入心理危机，根本原因就在于双方"以牙还牙"的态度与行为。遇事多一分冷静，保持理性思考的能力，能有效规避情绪对抗带来的恶果。

纽约有一位出版商曾邀请卡耐基参加一个晚宴，席间碰到了一位出色的植物学家。因为卡耐基在植物学方面一无所知，所以觉得他十分有趣。卡耐基凝神静坐，认真倾听对方介绍许多外来植物和新产品的实验。卡耐基也拥有一个温室，所以获得了许多宝贵知识。

那是一个晚宴，现场有数十位各个领域的知名人士。但卡耐基却完全忽略了他们的存在，仅和这位令人着迷的植物学家交谈了几个钟头。临近午夜，卡耐基准备和大家道别。

这时，植物学家转身向主人极力恭维卡耐基，说他是"最能鼓舞人"的人。除此之外，还说了许多溢美之词来称赞卡耐基———一个"最有趣的谈话高手"。

最有趣的谈话高手？这倒让卡耐基有些摸不着头脑了。在谈话中，一直都是植物学家在讲话，卡耐基连插话的工夫都没有。除非卡耐基转变话题，否则根本无法与之面对面的沟通。

卡耐基有过转身离去的冲动，因为这种滔滔不绝的讲话有时令人生厌。但是，他控制住了情绪，最终维护了大局。

在这个世界上，人与人之间因为偏狭、自私，无法容忍外界的某些东西，不知发生了多少悲剧和灾难，恐怕大文豪也不能描写其中的万分之一。一个人少了一颗宽容的心，不能容忍异于自己的东西存在，其实是一种愚昧，是野蛮人和暴徒的所为。

法国有句俗语："能够了解一切事物，便能宽恕一切事物。"因此，我们只有先了解世间的万物，并尊重客观存在的差异性，才能在心理上成熟起来，成为一个真正的文明人。

面对矛盾与问题时，许多人会选择以牙还牙，迁怒他人，而不是将心比心，理解对方。那是因为采取第一种方法更简单一些，而且可能会感觉更好。这时候，他们心中往往只有一种想法："我被愚弄了，对方不欣赏我，不尊重我"，"害怕对方会伤害我，所以需要更深、更快、更多地伤害对方"。

这种想法是基于一种自我保护，当人们被这种恐惧感驱使而采取行动时，往往会变得盛气凌人。从根本上说，他们无法掌控自己的情绪，处于一种不成熟的心理状态，因此增加了许多烦恼，想极力改变自己或周围的人而不得要领。

人总有情绪低落的时候，也许是因为一个人，或者仅仅因为一件小事情，久久不能释怀。生活在复杂多变的社会环境中，不同的场合要采取不同的应对方式，去扮演不同的社会角色。有的人对身边的人和事认识不清，由隔膜而误会，又由误会而发怒，实在没有必要。选择和解而非对抗，这样的人更能掌控情绪，进而掌控人生。

心理成熟度高的人更容易适应社会的变化，并且根据外部环境调整自己的行为，反过来再次达到心理上的相对平衡。遇到不如意的人和事，学会将心比心，这既是一种心理掌控方法，也是高超的社交策略。

第七章

和别人斗气,就是和自己过不去

发脾气是人生不幸福的罪魁祸首。人生短暂易逝,有太多时光需要珍惜和把握。如果我们遇事总爱大动肝火,原本美好的生活就会化为一片荒芜。生气没有任何积极作用,和别人斗气,就是和自己过不去。倘若我们能够收起自己的怒发冲冠和火冒三丈,增加一点温文尔雅和心平气和,生命的长度和宽度都可以得到延伸。

第七章
和别人斗气，就是和自己过不去

有些事情不能太较真

从心理学角度来说，喜欢较真的人，性格大多属于直肠子，遇事比较容易钻牛角尖。人们常说成大事者不拘小节，实际上这并非没有道理。太过在意鸡毛蒜皮的人，往往很难有更多的精力用于谋划大事，自然也就难以有什么大成就了。

真正有智慧、有自控力的人，更清楚自己该干什么、不该干什么，明白哪些事情必须要认真，哪些事情可以忽略。我们每天都会面对很多事情，但时间和精力却是有限的，要想在有限的时间和精力下，做出更多有价值的事情，就必须要忽略那些无关痛痒的事。因太过较真而和他人争论，实在是一件又浪费时间，又徒增烦恼的事情。真正的处世之道是"难得糊涂"，即遇到无关紧要的事情时，不要太过较真，更不必将其放在心中徒留困扰。

××公司职业经理人做东，请所有股东一起吃饭。席间，职业经理人给在座股东敬酒，唯独没有给小股东老陈敬。

对此，老陈心里自然十分不痛快：当着这么多人的面，就没给我单独敬酒？这不明摆着没把我当回事吗？我占的股份是少，但再少我也是个股东，居然在众人面前不给我面子，实在是太过分了。恼羞成怒的老陈，不顾席间和乐融融的气氛，故意非常大声地质问公司第四季度的利润为什么会下滑，暗讽职业经理人管理水平太烂，没给公司做出应有的贡献，没有将股东的利益最大化……

老陈的"搅局"让整个场面变得很尴尬，职业经理人也被惹火了，直接不客气地喊道："在座的都是股东，我的工作大家有目共睹，不是你一个人想否定就否定，想不承认就不承认的……"

眼看着就要争吵起来，其他股东赶紧打圆场，各种劝说，这件事才渐渐平息下来，但老陈心里依然在计较职业经理人没给自己敬酒的事情，并暗暗想好一定要给这个经理人一点"颜色"看看,让他知道,小股东也是不能得罪的。

此后,老陈只要一有机会就给经理人使绊子。这天,经理人为提高公司的工作效率,计划置办一批更先进的办公设备,为此专门组织了股东大会,征求各位董事的意见,老陈终于等到了"找回场子"的机会,他全盘否定了经理人的计划,并且气急败坏地直言"这完全是浪费钱"。

经理人提出的计划确实会花费一大笔资金,但确实能给公司后期带来非常可观的收益,因此除老陈外的其他股东都非常支持,大家看老陈不同意,纷纷上前劝说,但老陈完全就是死磕,谁说什么都不管用,极力劝说他的最大股东A面对老陈的冥顽不灵十分气恼,不久后他联合其他股东,一起收购了老陈的股份,并成功地将老陈挤出了董事会。

有些事情不能太较真,经理人没给老陈敬酒,可能只是不小心遗漏了,也可能内心对老陈有点小意见,倘若老陈没把此事放在心上,那么也就不会有后来的股份被收购、被排挤出董事会的事情了。

在日常工作中,尤其是涉及到复杂人事关系的事,不能去较真,否则你就会对什么也看不惯,甚至不能容忍任何一个朋友,最后只会像老陈一样变成孤家寡人。那么,怎样才能做一个不较真的"糊涂"智者呢?

(1)分清事情的轻重缓急。

所有事情都不较真,那是没有主见和原则,这里所说的"不较真"是针对那些无关紧要的事情而言。所以,我们首先要分清事情的轻重缓急,核心问题就要较真,不痛不痒的事情就不必较真,越紧急的事情越要较真,没有时间限制的事情则可以缓缓再说。

(2)不要被"情绪"所控制。

一位著名企业家曾说过这样一句话,"大街上有人骂我,我连头都不回,也根本不想知道对方是谁。"其实很多时候,我们的较真往往是被"情绪"绑架了,只要对方的言行激怒了我们,我们不管付出怎样的代价都要与其死磕到底,实际上这样的"较真"完全没必要,它除了能宣泄情绪，其他什么作用都没有，反倒会浪费时间、精力，增加烦恼。真正有自控力的人，总是能做到不为这些小事而计较。

换位思考，化解自己的怨气

换位思考，即站到对方的角度上想问题，与他人互换角色、位置。通过心理换位，充当别人的角色，来体会别人的情绪与思想，这样就有利于防止不良情绪的产生及消除已产生的不良情绪。换位思考既是一种理解，也是一种关爱，更是融洽人与人之间关系的最佳润滑剂。

在现实生活中，我们经常会遇到沟通不畅的问题，这是由于我们的立场、环境不同造成的。当同事触犯自己时，我们也可以站在同事的角度想一想，可能就会觉得同事的行为情有可原。这样，不良情绪就会减弱，甚至消失了。与他人发生矛盾冲突时，不能回避，也不能"以暴抑暴"，学会换位思考，可以尽量减少矛盾的产生，化解自己的怨气。

如果每个人都懂得换位思考，生活中就会少了很多闭塞，少了很多冰冷的面庞，少了很多无助的人……生活在这样的世界里，你就会觉得每一天都像盛开的鲜花，每个日子都充满阳光。

一位美国作家曾这样说过："如果想要把他人的思维方式变成你的思维方式，你得首先站在与他同等的立场上，手拉手，脚对脚地引导他，不能保持距离，不能大声对他吼叫，不能骂他'混蛋'，更不能命令他走到你身边，你需要从对方的立场上起步进行工作。能够打动对方的方法，就是这么简单。"

很多时候，我们觉得对方不可理喻，但经过换位思考后却发现，对方那样做也是迫不得已；站在他人的角度，替别人着想后，我们会发现，如果自己是他，也许还没有他做得好；换位思考后，你会看到自己原来也有错；换位思考后，我们知道了自己应该如何去做。

在大学宿舍里，几个来自天南海北的年轻人住到一起，由于生活习惯和性格的不同，难免会产生各种矛盾。尤其是大一新生，年轻气盛，不愿意妥协，经常会因摩擦而争吵不休。

肖玉所在的宿舍，矛盾的焦点在于大家不同的作息习惯。宿舍里的四个人，肖玉属于早睡早起型，其他三人都是"夜猫子"。每到晚上，宿舍里的灯一熄灭，其他三人便开始了最后的繁忙，一人上QQ通宵聊天，一人玩网络游戏把键盘敲得"噼啪"响，而另外一个人则通宵达旦地给男朋友打电话。肖玉刚入睡就被她们吵醒，在床上辗转反侧，睡个安稳觉也不容易。

丁力所在的宿舍，矛盾的焦点在于对待水电资源的态度上。有的室友喜欢熬夜上网，为了下载电影睡觉时也不关电脑；有的室友直接把脏衣服扔到水龙头下冲洗，有时水会"哗哗"地流一个晚上。丁力心疼这些本来可以节约下来的水电资源，便建议室友不要随意浪费，谁知，他却被室友笑称是"忧国忧民"的"山寨总理"。

陈玲所在的宿舍，矛盾的焦点在于室内的整洁上。陈玲是个爱干净的人，她喜欢把自己的床、餐具、桌子、衣柜收拾得干干净净，然而，其他室友却很少收拾，吃完饭后喜欢把剩饭菜和饭盒堆在桌上，时间一长便飘出一股馊味。让她最不能接受的是，有的室友竟然把袜子到处乱扔，宿舍里到处都是臭袜子的味道。

为何不试着从他人的角度来思考，试着站在他人的立场来看待问题呢？我们可以经常这样反问自己："如果是我，我会有怎样的感觉，会做出怎样的反应？"如果宿舍里的每个人都能尝试着站在他人的角度理解对方，尊重对方，宿舍完全可以成为每个人的温馨小家。

学会站在对方的立场上思考，尝试着了解对方的感受，对于我们化解负面情绪是十分必要的。这件事说来容易做起来难。

首先，我们要有好奇心。许多人即使换位思考了，也只是在猜想别人的想法和感受，而好奇心能使我们暂时放下自己的主观，来理解别人的主观，了解之后的换位才能比较正确地思考，换位思考不是一件难事，却需要你和好奇心合作。

其次，要同情他人。我们不可否认的是，生活对于每一个人都是不

第七章
和别人斗气，就是和自己过不去

易的，既然大家都不容易，对别人的失意、挫折、伤痛，就不应该是幸灾乐祸，而要多一些同情与宽容。

然后，将心比心，既可以理解了他人，也可以化解了自己的怨气，有利于身心健康，还可以知道自己错在哪里，从而改正错误。

用耐心来打磨你的意志

没有谁的人生可以一帆风顺，也没有谁在做事情的时候可以一蹴而就。人生有顺境也有逆境，有坦途也有坎坷。在顺境的时候，我们的工作和生活轻松而愉快，但是在逆境的时候，枯燥、压力、没有希望等负面因素开始侵蚀我们的内心。在这个时候，放弃还是坚持下去成为每个人面临的选择。那些能够忍受住枯燥，顶住压力坚持下来的人看到了成功的希望；那些选择了放弃的人，只能徘徊在失败的十字路口。

生活和工作当中有太多的人具有畏难的品性，当面对困境的时候，这些人多数会选择放弃，即便是选择坚持，也不会坚持太长的时间，半途而废是他们的共性。面对困境无法坚持下去的人，往往缺乏足够的耐心和坚强的意志，但这两个品质却是成功人士必备的品质。

有句俗话是：心急吃不了热豆腐。就是说如果没有足够的耐心不可能取得成功。具有足够耐心的人，能够应付枯燥无味的工作，能够忍受孤独和寂寞，也能够等到成功的到来。在生活和工作当中，我们多数时候面对的都是简单的重复，要处理这些工作无疑需要足够的耐心。所谓耐心也就是把时间和精力用于这些简单的重复当中，只要能耐得住这份枯燥和寂寞，也就能守到成功。其实很多时候，一个人成功的几率与他的耐心有极大的关联。因为，是否具有耐心，决定了一个人在面对困难的时候是否具有坚持下去的勇气。那些渴望"速成"，"急功近利"的人，不具备足够的耐心，也就没有坚强的意志，当然也不具备成功的品质。

有人说过，成功一共要分两步，第一步是开始，第二步是坚持下去。坚持下去靠的就是坚强的意志力，而要想意志力发挥作用就必须有足够的耐心。

齐白石不仅是国画大师，在篆刻方面也有很深的造诣。齐白石开始学习篆刻的时候，对自己的作品总是不满意。后来他向一位老艺人求教，老艺人告诉齐白石："你去挑一担础石回去，一边刻，一边磨，等这一担础石变成泥浆的时候，你的篆刻手艺也就算是学成了。"

齐白石随后挑了一担础石回家，边刻边磨，还不时拿一些名家的作品对照学习。就这样，日复一日，年复一年，齐白石在础石上重复着篆刻。刻刀磨坏了一把又一把，齐白石的手上也磨出了厚厚的老茧，他挑回家的础石越来越少，地上的泥浆反而越来越多。终于，在最后一块础石磨完之后，齐白石的篆刻技艺已经达到了炉火纯青的地步。他的篆刻刚劲有力，而且极富个性，独树一帜。

能够将一担础石化为泥浆，如果没有极大的耐心与坚强的意志力是不可能做到的。其实真正的天才就是通过各种磨砺，造就出无比的意志力，支撑自己走向成功的彼岸。

坚强的意志力是每个人都应该具备的品质，它是我们获得成功的精神支柱。我们面对困难，应对挫折，走出逆境，无不需要这一品质的支撑。如果缺乏坚强的意志力，我们将无法走出困境，实现自己的目标。当你用顽强的意志力克服了一个不良的习惯，或者凭借意志力走出困境，那么当再次面对困难的时候，你将会充满攻克难关的必胜心。其实顽强的意志力是每个成功人士必备的品质，是每个人都需要拥有的"财富"，也是每个人穷尽一生都在追求的优秀品质。

然而，缺乏意志力或者说意志力不够坚强的人比比皆是，这也是为什么普通人要远远多于优秀者的原因。志不坚者智不达，如果没有坚强的意志力，即便拥有天分也很难成功，因为他没有支撑自己走下去的意志力。有些笨拙的人虽然没有天分，却有百折不挠的精神，在经历重重磨难之后，他们反而能够成就一番伟业。其实能够取得成功的人，往往是在最困难的时候比别人多坚持了一会儿，也就是他的意志力比普通人坚强。

第七章

和别人斗气，就是和自己过不去

错把简单的事情复杂化

生活中有许多烦心事，令人应接不暇。许多人因此陷入紧张、焦虑的状态，身心疲惫。不过，有些烦恼是自找的，而问题的根源是你想得太多，结果把简单的事情复杂化了。

别想太多，真的没什么用。生活中有各种麻烦和磨难，每个人都要学会理性面对，不必把简单的事情复杂化。按正常的逻辑判定生活，相信自己有能力应对挑战，相信有更好的事情等着你，就不会杞人忧天了。

看待周围的人和事，不要抱着复杂的心态，而应学会简单思考，获得正确的认识。简单是一种智慧的境界和心态，避免把简单的事情复杂化才能寻求突破，找到解决问题的良策。而面对困难和挑战，简单化思考可以让你充满勇气，让内心变得更强大。

为了应对日益增多的客流，圣地亚哥的艾尔·柯齐酒店准备增加几部电梯。工程师、建筑师坐到一起商量对策，决定在每层楼的地面上打一个洞，并在地下室安装马达。

但是，这种方案会导致酒店内尘土飞扬，引起客人不满，从而影响到酒店的声誉和服务质量。酒店负责人与工程专家在楼道里商讨对策，争得面红耳赤，一时间情绪激昂。

正在旁边扫地的清洁工听到争论，走过来说："在每个楼层钻洞的确不是好办法，不但现场会变得一团糟，而且尘土清扫起来很麻烦。"

工程师转过身，对清洁工说："那怎么办，难道停业再施工吗？"听到这里，酒店负责人急忙说："坚决不行，如果这么做会让顾客误认为酒店倒闭了，生意肯定会一落千丈。"

看到大家急切的样子，清洁工说："我有一个好方法，既能按时把电梯装好，还能省去不少麻烦。"工程师和酒店负责人不约而同地投来期待的目光，清洁工接着说："把电梯装在酒店外面。"

听到这里，工程师与酒店负责人面面相觑，不禁为这个绝妙的点子叫好。这就是近代建筑史上的室外电梯，它开启了一次施工革命。

这个世界原本是简单的，但是习惯把问题复杂化会让我们失去正确思考的能力，并因无法从中解脱而变得情绪失控。一味地把事情复杂化，不惜钻牛角尖，最后一定没有退路。

请尝试着作出改变，学会简单思考问题，不再为身边的小事抓狂。

如果让你区分水和酒，不必费尽周折去猜测，只要上前闻一闻就知道答案了。一个人想轻松应对这个世界，首先要学会简单思考。

第一，学会正常沟通，准确掌握事情的来龙去脉。许多人把简单的事情复杂化，一个重要原因是不善于沟通，结果无法掌握真实有效的信息，最后因错误的决策导致无法收拾局面。

第二，学会勇敢面对，大胆接受眼前的挑战。无法面对既成的事实，选择逃避和放弃，必然无法进行正常思考，从而离正确的轨道越来越远。

第三，学会理性接受，不做情绪化的奴隶。遇到麻烦事，有些人无法接受，会变得情绪失控。失去了理性思考能力，自然会把简单的事情复杂化，导致无法收场。

第八章
给心灵减减压,你的灵魂可以更"轻"一点

随着人们对生活的要求越来越高,人们所面对的压力也越来越大。如果不及时释放,就会产生极其严重的负面影响。如何去释放压力,就需要我们选择一个适合自己的方法,把压力转化为动力,只有这样,才能够克服压力对自己带来的负面影响。

第八章

给心灵减减压，你的灵魂可以更"轻"一点

洒脱的人生需要学会释怀

"释怀"是一种修养，更是一种境界，生活中总有一些人不得不离我们而去，总有一些东西不得不失去，所以面对自己无法掌控的局面时，要学会释怀。

学会释怀，才能求得洒脱。人的一生像是一次长途跋涉，不停地行走，沿途有些事也许并不能尽如人意，也许会历经许许多多的坎坷，但是用一颗理智的心选择洒脱，选择心灵的释怀，便会有了克服各种困难的勇气与信心。

学会释怀，就是放下令你疲惫的人和事，不让生命太过沉重。在学会释放心情后，就会觉得有一种豁然开朗的感觉。如果老是想着一些不曾忘却的事情，就会越陷越深，慢慢地变成"钻牛角尖"，从而走不出心境，无法自拔，等想要拔出时却需要很大的毅力与时间。

生活中，为了保持快乐，为了内心平静，应一直保持着一颗宽恕、释怀之心，这样你将获得更多。如果把过去发生的事都牢记心上，就会给自己增加很多额外的负担，过去的已经过去了，时光不可能倒流，除了吸取经验教训以外，大可不必耿耿于怀，还不如学会放下，一路走来一路忘记，永远轻装上阵。

布洛和约瑟芬是一对男女朋友，他们经历了无数不愉快的往事，终于在茫茫的人海中找到彼此，没过多久他们进入了婚姻的殿堂，心中的幸福和感激无以言喻。

有一天傍晚，布洛下班路过菜场，心情不错，就顺便买了一条鱼回去做晚餐，准备给约瑟芬一个烛光晚餐。可就在回家的路上，他突然看见约瑟芬和一个男人在咖啡馆里，好像很亲密的样子，布洛心情一下子就变得很糟糕。

联想到约瑟芬最近总是回来很晚，更使布洛疑心加重。约瑟芬回到家，刚进门，布洛就很生气地问："怎么你这段时间总是这么晚才回来啊，很忙吗？"

约瑟芬笑着说："是啊，分公司正好有个项目，这个月底必须交活。"

布洛不耐烦地说："是吗？怎么今天我看见你在咖啡馆，是不是有什么事瞒着我呢？"说话的时候，布洛的音调拖得很长，显然不怎么相信约瑟芬的话。

这时，约瑟芬也感觉到布洛可能误会自己了，便说道："哦，下班时碰到一个老朋友，就陪他聊了几句。"

布洛终于忍不住了，大声地喊着："是这么回事吗？我看不是一般的老朋友吧，老情人或者是男朋友还差不多！咱们的婚礼，你不是还请了他吗？既然你现在还忘不了，干吗不回到他身边去？"

听到这些话，约瑟芬彻底愣住了，心里顿时非常不快："什么，你，你居然这么说！不管以前我和谁交往过，都已经成为过去。你居然这样怀疑我！你不仅侮辱了我，侮辱了我们的爱情，还侮辱了你自己，我对你真的好失望。"她说完，摔门而去。

看见约瑟芬出走，布洛懊恼地往沙发上一坐，又气愤又后悔。他也知道，约瑟芬和那个"前任"早已成为过去，可他一想到约瑟芬和那个"前任"的往事，心就隐隐作痛，就忍不住嫉妒得发狂，那些明知会伤害对方的话，就这么脱口而出。他知道，是自己放不开，对约瑟芬的过去不能释怀。

约瑟芬的出走，使布洛冷静了下来，最后，他终于想明白了，宽恕自己和别人的过错，就是给自己或别人一个改正的机会。一味刻意地追求完美，只会给自己的心情打上死结，得不到解脱！人生应该学会释怀，洒脱地度过一生。

"过去"对任何人来说都已经可望而不可即了。过去了，就没有再重温的必要，忘记不是要你彻底失去对过去的记忆，而是要你真正做到释怀。故事中的布洛背负太多过往，从而无法为妻子留有一席之地，只有打开自己的心结才能拥有洒脱的人生。

第八章

给心灵减减压，你的灵魂可以更"轻"一点

其实，人间的许多烦恼都是自找的。有些人刻意追求完美、处处苛求而痛苦不堪；有些人对于自己犯下的错误无法释怀，对于别人犯下的错误不肯原谅，陷入痛苦恼怒中难以自拔，这些烦恼让他们远离了人群，处于孤独之中。谁也不能因为过去的错误，就不肯原谅自己或别人；不能因为生活有了污点，就烦恼不堪，要学会接受不完美的人生，尽可能完美地走好今后的人生之路。

在日常生活中时常会有摩擦发生，或是因为工作上的不快，或是因为情感上纠缠不清的记忆，在情感的泥潭里走不出来等等。如果这些事情都放在心里而不去释放、忘记，那么心灵重负会越来越多，如此恶性循环下去，既影响生活又影响心情。所以，人应该不断地让自己学会释怀，用一种豁达的心胸面对生活，那么生活就会对你笑。

也许现实并不能尽如人意，成长的道路上布满荆棘。但是用一颗理智的心选择洒脱，选择心灵的释怀，便有了披荆斩棘的勇气与信心。

当你学会了释怀，自己的心也就变得轻松，无论是面对朋友还是仇人，你都能够报以甜美真诚的微笑。相反，如果始终不能忘记怨恨，这种做法其实是害了别人，也苦了自己，只有忘记那些不愉快，放下责怪和怨恨的包袱，学会释怀，才能有更多的快乐。洒脱的人生，不是玩世不恭，更不是自暴自弃。有洒脱才不会终日郁郁寡欢，有洒脱才不觉得人生活得太累。

为了你自己，为了快乐，为了内心的平静，为了光明的未来，请一直保持一颗宽恕、释怀之心，这样你将获得更多。这何尝不是一种达观，一种洒脱，一份人生的成熟，一份人情的练达！

甩开一切束缚，过减法人生

有位哲人说："人生如车，其载重量有限，超负荷运行会促使人生走向其反面。"人的生命有限，而欲望无限。如此看来，学会辩证看待人生、看待得失是十分必要的。有时，我们也应用减法减去人生过重的负担，否则，负担太重，人生不堪重负，结果往往事与愿违。

有一本书已经给过我们这样的启示，那就是海伦·凯勒的自传《假如给我三天光明》，人们都会选择做最关键、最紧要的几件事，甚至只有一件事。那些平时在脑海中盘旋的杂念瞬间被理智抽走，只有那最重要的事情能牵动你的情绪。其实，在我们做出选择的时候就知道了人生的真谛。实质就是要抛开束缚，过减法人生。学会做减法，就是在延展人生的厚度和高度。

现实中的人们一直在做加法，对权力的渴望，对金钱的贪念，对成功的迫切使得人们对自己设置了很多的标准和束缚。人生就像一个容器，里面添加了各种庞杂的事物，有的必不可少，但更多的是多余的东西，为了人们的虚荣和所谓的"面子"，将自己折磨得痛苦不堪，在真正的成功到来时却无处安放了，人们又悔过不已。

舍得舍得，有舍才有得，大家都善于做加法而不会做减法，在多数情况下人们面对放弃都犹豫不决，难以抉择。人要学会成长就必须当舍则舍，当断则断，脱掉厚重的行囊轻装上阵。要丢掉束缚，过减法人生，以一种平和的心态面对生活，不以物喜，不以悲，不做世间功名利禄的奴隶，也不为凡尘中的各种烦恼所左右，提升自己人生的高度。过减法人生才能在当今社会的各种物欲和令人眼花缭乱的世相百态面前神凝气静，执着追求自己的人生目标。过减法人生才能抛开一切名缰利锁的束缚，使人性回归到本真状态，从而获得心灵的自由。

有这样一位年轻人，硕士学位，在单位里也算得上中上等了，但在事业上总是闷闷不乐，他听说某个寺庙里有位德高望重的老禅师，便去拜访，请求指点迷津。

这天，老禅师的徒弟接待了这位年轻人，但这位小徒弟态度一点也不好，使他很生气，嘴里嘀咕着："你不就是一个小徒弟，也没什么本事，我一个硕士出身，你算老几，凭什么这样对我。"

后来，这位年轻人见到老禅师后，便滔滔不绝地高谈阔论，然后提出了自己在事业上的疑惑："我一直在努力，从没放松过对业务的钻研

第八章

给心灵减减压，你的灵魂可以更"轻"一点

啊！而且我的学历比其他同事们都高啊，他们连个学位也没有。最后他们反而得到老总的重用了，而我却不行，这一直困扰着我，大师，您说这是为什么呢？"

这时，老禅师十分恭敬地接待了他，一言不发，并为他沏茶，这使年轻人更为不解。后来在倒水时，明明杯子已经满了，可老禅师似乎还没有停止倒水的意思，还是不停地倒。

"大师，大师，杯子已经满了！"年轻人慌忙提醒老禅师，而老禅师好像没听见他说话，还在一个劲儿地往杯子里倒着开水。

年轻人坐不住了，不解地问："大师，为什么杯子已经满了，还要往里倒？难道您没看见茶水溢出了杯子，并顺着桌子流淌开来，然后滴下桌沿吗？"

老禅师笑了笑，依然沉默，还是没有停止手里的动作，年轻人愁眉深锁地不知所措。他一把端起那杯茶，"哗"地泼向了门外。并大声地向老禅师说："大师，已经满了，还倒什么呢？"

接着老禅师又把茶水倒满，并说："是啊，既然已满了，干吗还倒呢？一个有很多想法的人就如同满了水的杯子，怎么有空间来接受别人的想法呢？"

这位年轻人似有所悟，便把杯子里的茶一口喝干。

老禅师还是把年轻人的茶杯满上，问："你会喝茶吗？"

年轻人回答说："不会。"

"那就先学喝茶吧。"老禅师笑了笑。

年轻人对老禅师的话非常不解，问道："大师，喝茶还要学吗？"

老禅师指着这个杯子："你的心就像这个杯子一样，已经被装得满满当当的了，不把茶喝掉，不把杯子倒空，如何装得下别的东西呢？"于是，年轻人终于明白此中禅意，恍然大悟，惊喜地叫了声："我明白了！"然后向老禅师深深鞠了一躬，转身而返。

如果他想得到更多的学问，必须有一个好心态，首先把自己想象成"一个空着的杯子"，而不是骄傲自满。只有这样才能用"减法"去迎接人生新的可能,并不断装下新的欢喜与感动。

给人生做减法,给阳光的记忆留点空间。想想什么才是人生的终极意义,对于你来说什么才是你魂牵梦绕的理想之地。过减法人生能让我们悟透人生的内涵,正确看待人生的进退取舍。凡事都要有一个度,过分痴迷,过分追求往往会适得其反。懂得运用人生的减法,张弛有度才是大智慧。

别被他人的不良情绪左右

情绪是可以传染的,不管是积极还是消极的情绪都具有传染性。大家都可以从别人好的情绪中得到正能量,也能被别人坏的情绪感染,从而觉得空气不那么新鲜了,阳光也没有昨天那么明媚了。

大家都喜欢脸上永远洋溢着灿烂笑容的人,看着明媚的笑脸,我们的心情也会春暖花开。但是,月有阴晴圆缺,人的心情也分喜怒哀乐,当一个心情不好的人在你身边抱怨,或者对你横眉冷对时,你该怎么办呢?是消极应对,让不良情绪毁掉你一整天的好心情,还是积极应对,抵制不良情绪的影响?当然,我们会选择后者,增强自身免疫力,不受情绪流感的传染。

事实上,不良情绪的传染是在潜移默化中进行的,人们总是在不知不觉中就让自己本来绿色的心情染上了可怕的灰色,就算你对坏情绪的"免疫力"再强,也不能保证长期与其在一起不受一点影响。所以,要避免被他人不良情绪左右,要做的就是尽量远离情绪消极的人。没有主见的人,最容易受别人情绪的感染,最容易被拉入消极的深渊。当我们置身于别人的不良情绪中时,要做到有主见,专注于自己的心情。如果你长期被不良情绪包围,得不到解脱,恰恰你又是没有主见的人,那么请转移你的注意力,寻找其他情绪源的可爱之处。

班里来了一个新同学,老师安排他坐在维克多旁边的座位上。这位同学似乎有什么心事,心情一直不好。维克多向他问好,他点头回应,

第八章

给心灵减减压，你的灵魂可以更"轻"一点

脸色像马上就要风雨大作的天。维克多突然感觉身边的阳光都消失了，只剩下飕飕的冷风。晚上放学回到家中，维克多不愿意吃饭。妈妈问他怎么回事，他只说心情不好，却不知道为什么不好。

体育课自由活动时，维克多和几个好朋友在一起聊天。其中一个朋友讲起了生物老师批评他的事情，其他朋友回想一下似乎都被这位生物老师批评过，于是，大家决定教训教训生物老师。维克多是一个脾气温和的人，对于老师的批评，他从来不放在心上。这时，看到好朋友情绪激动，他也受到感染，决定和他们一起去教训这位蛮横的老师。那天晚上，他们把生物老师家的玻璃给砸碎了。第二天，学校的保安很快就查处了维克多和其他几名学生。当问到维克多为什么这么恨生物老师时，他说："我根本不讨厌生物老师，是受好朋友的影响。"

这件事之后，爸爸开始注意维克多的问题。他发现，维克多非常容易受别人的影响。如果他哪天遇到一件不公平的事情，即使这件事和他没有任何关系，他也会愤怒一整天。爸爸觉得维克多这样下去会生活得很辛苦，决定找他谈一下。

爸爸把一团蓝色的棉絮泡进紫色的颜料水里，维克多看见后说："好难看的颜色，蓝蓝紫紫的。"

爸爸说："你就像这块棉絮一样，本来是像天空一样的湛蓝。但是，你总会受别人情绪的左右，就会被染上其他颜色，从而失去了自己。"

维克多从爸爸的话中得到启发，开始控制自己的情绪。当听到别人在评论一件事情的时候，他就有意识地想一下，自己到底对这件事情是什么样的态度，慢慢地维克多克服了他的问题。

一个容易被别人情绪影响的人，就像狂风中墙头上的衰草，始终找不到真实的自我；一个活在别人价值观中的人，就像断了线的风筝，始终找不到真正的归宿。学会控制自己的心情，增强对他人不良情绪的免疫力，走在适合自己的人生路上，不管这条路是荆棘密布，还是一马平川，我们都能因为找到真实的自我而获得幸福快乐。

微笑、微笑，愤怒时也要保持微笑

　　法国作家雨果曾经说过："微笑如同阳光一般，能驱散人们脸上的冬色。"经常微笑的人拥有良好的心境，他们自信而坚强，无论是遇到多么严酷的问题，脸色不见一丝愠色。他们总是喜欢以积极的心态来处事待人，而正是这样的心态，使得一切的难事都迎刃而解。

　　人的一生不可能一帆风顺，总有风风雨雨，但生活终究是美好的，不好的只是你的心情。任何人都避免不了有忧伤痛苦的时候，只是有的人将这一份悲伤掩藏在心底。冷若冰霜的人，他的世界也是残酷的，就如同给自己的生活树起了栅栏，让自己处于孤立无援的境地；热情似火的人，他的世界充满阳光，即使情绪再低落，也能很好地克制，避免将自己的悲观情绪影响到别人。生活从不相信弱者的眼泪，它只对积极向上的人微笑，而每个笑容背后，总是蕴含着乐观的精神。

　　几年前，刘莉还是一个刚走出校园的大学生，她拿着一张毕业证书信心满满地来到社会中准备"一展身手"。那次，在一个大型招聘会上，刘莉看中了一家公司的某个招聘职务。但是前来应征的人很多，海归、博士、硕士、本科生……在人才济济的应征队伍中，刘莉只是一个不起眼的大专生，但她没有退缩，依然自信地投了简历。

　　前台接待的是一位面容清秀的男职员，他拿着刘莉的简历，脸上露出不耐烦的神情，皱着眉头说道："你不识字吗？我们公司要求的最低学历是本科，你这专科生不行。"然后，不耐烦地将简历递给刘莉。

　　"对不起，先生，我看到了贵公司的招聘广告，上面清楚地写着一句话'不唯学历，重能力'。"刘莉微笑地说道。

　　"那么，你是有能力的人吗？"

　　"你们公司不试试看，怎么知道我没有能力呢？"刘莉依然面不改色地说道。

第八章

给心灵减减压，你的灵魂可以更"轻"一点

"哼，我没工夫和你争论，请你自觉离开，不要打扰我们的工作。"小伙已经显得相当不耐烦了，他没好气地说道。

"我觉得贵公司之所以这么兴旺，一定和领导爱才有关，希望你能给我一个面试的机会，拜托了。"

小伙子有些尴尬，在他正准备赶走刘莉的时候，一名领导模样的中年男子出现在了门口，他对刘莉招了招手，示意他过来一趟。在办公室里，那个男人询问道："你为什么来我们公司？"刘莉轻松地阐述了自己的理由，领导始终报以微笑听着刘莉的述说。"那么，你对我们公司有什么建议吗？"领导的口气似乎就像在和她唠家常，完全没有一般领导高高在上的样子。

"我觉得服务公司最重要的一点就是要保持微笑，它体现了员工对客户的真诚和耐心。"刘莉回答道。

"很好，微笑对一个服务公司来说是至关重要的。另外，我告诉你一个好消息，你被我们公司录取了。今后，你就在客户部工作吧，怎么样？"

多年以后，这家公司发展得十分红火，刘莉也成为了这家公司的部门经理。而最初那名小伙子也成了她的男朋友，问及为什么要追求她，那个小伙子郑重地说："是因为你那真诚的微笑。"

微笑的人就如同一朵灿烂绽放的鲜花，欣赏着因为他的快乐而快乐，拥有者因为他的灿烂而喜悦。一个拥有灿烂笑脸的人，不仅能点亮整个夜空，还能照耀整个世界。一个人如果时常保持灿烂的微笑，就可以传递情感，沟通心灵，征服他人。

一个微笑不费分文，却包含无价的财富，它使获得者富有，使给予者幸福。一个微笑虽然只是瞬间，带来的记忆却是永恒。微笑的力量感染所有的人，当你看到愤怒、疲惫的人，不妨给予他们一个微笑，让他们重获快乐的人生。

保持微笑吧，你的生活将会从此变得更加丰富多彩，不管遇到什么事情，都保持微笑，享受这个愉快，感受灿烂的人生。

第九章

不沉溺过去,不焦灼现在,不妄想未来

不沉溺过去,不焦灼现在,不妄想未来。活在当下的人,对待生活有一种欢乐的态度,对待自己是一种救赎的心境。活在当下的人从来不炫耀昨日的荣光,也不倾诉过往的忧伤,不会顶着昨日的光环洋洋得意,也不会沉溺于昨日的忧伤无法自拔,他们总是心思清明地享受着今天的生活。

第九章
不沉溺过去，不焦灼现在，不妄想未来

学会给自己松绑，才能走得更远

患得患失、过分计较将会成为我们人生的绑绳和枷锁，使自己停滞不前或无所突破，永远局限在一个狭小的空间范围内，逃脱不得。

现实生活中，遇事无论成败都心存芥蒂，对于我们自己有什么好处呢？不能解开这些心结，心灵就会被禁锢窒息。

负担太重时，不妨让自己休息一下，轻松一下，养精蓄锐，然后蓄势待发。苦恼的人最终会明白：自己的苦恼不过是来自于没必要的"坚守"。一个被捆绑的身体，将失去行动的自由；一颗被捆绑的心灵，将无法与他人进行必要的交流，生活也将因此变得灰暗。所以，我们应学会给自己松绑，让灵魂喘口气。

这个世界上原本没有任何可以让你痛苦的人或事，没有人可以夺走你的轻松、自由和快乐，因为没有任何一个人可以缚得住你。能缚住你的只能是你自己，是自己的成见、傲慢、狭隘、嫉妒、执着。这些念头像一根根的绳子把你牢牢地与烦恼绑在了一起。能给自己松绑的人，也只能是自己。

格兰妮出生在新西兰的一个村落里，在那个封闭的地域，人们习惯于用一套世俗的标准审人度事，凡是逸出常态的就被认为是不正常而遭到排斥。与村民的强悍相比，格兰妮从小就表现得极端怯懦，甚至宁可被嘲笑也不敢轻易出门。在村民的眼里，她是一个不合群的、被打入了另册的人，因此，几乎没有人和她交往。

格兰妮的父母在一个魔术团工作，为了一家人的生活整天在外奔波，早上骑着自行车出门，每天很晚才能回来。听到脚踏车声，其他两个孩子总是一拥而上，围着父母纠缠。格兰妮却照样躲在屋里一声不吭，久而久之，父亲也觉察到了什么，经常在她面前叹气，担心她日后的遭遇，或者直接就说这个孩子怎么会这么不正常。

当格兰妮第一次听到别人说她不正常时,她觉得非常刺耳,可听得多了,她也渐渐相信自己不正常了。在学校里,同学之间很容易就成为可以聊天的朋友,而她也很想加入进去,可就是不知道怎么开口。上学之前,家人是很少和她交谈的,有的只是叹气或批评,到了学校这个更为陌生的环境,她更是沉默少语。她想,她真的是不正常了。

后来,经过医生的诊断,说她患有严重的自闭症、忧郁症。这时,惶恐、烦恼、忧郁一齐向她袭来,她那脆弱的神经终于崩溃了,不得不住进长期疗养院,默默地接受各种奇奇怪怪的治疗。

村民们早已淡忘了她,父母也似乎忘记了她的存在,最初他们还千里迢迢来探望她,后来半年也不来一次了。茫然、无聊时,她就找来医院里一些过期的杂志阅读,渐渐地她发现自己喜欢上了这些杂志,就索性投稿了。没想到那些在家里、在学校、在医院里总是被视为不知所云的文字,竟然在一流的文学杂志上刊出了。

医院的医生有些尴尬,开始竖起耳朵听她谈话,生怕错过了任何的暗喻或句子;她的父母觉得意外——自己家里原来还有这样一个女儿;往日的村民也不可置信地发现:难道现在这个出了名的作家,就是当年那个古怪的小女孩?最终,格兰妮突破了世俗的偏见和自我的捆绑,成了新西兰有名的作家。

是谁把你推进了烦恼的沼泽里?是谁把你引向了痛苦的深渊中?如果你继续愤愤地思索是谁伤害了自己,又苦苦地寻觅谁能拯救自己,那你就真的会被烦恼捆得结结实实。能让自己痛苦不堪的人不是别人,正是你自己。

一栋房子要是没有窗户,温暖的太阳就无法照进来,新鲜的空气也不能飘进来。人也是一样,若是心灵被捆绑,就会感到沉闷,只有释放自己,心才能够通达,心灵的视觉才更清晰。

生活无论如何磨人,如何将你压缩在一个四方的小盒子里,但思维的空间是不受限制的,心灵的视野没有藩篱,无比宽广。在不如意的时候,学会将心灵从意识的牢笼里解放出来,心灵的空间就会越来越大,任你

第九章
不沉溺过去，不焦灼现在，不妄想未来

驰骋，来去自如，而你成功的力量正是来自于这个空间。

人之所以会产生苦恼，会惹来烦恼，是由于对欲望的执着，而把自己封闭在自己所想象的虚幻世界里头，使自己变得不自在、无能为力，从而产生苦闷、失落、反叛的情绪。如果你能一直坚持做到诚实、不自欺，你必然能够靠自己的力量摆脱所有虚妄的苦恼和困惑。

当你真心地选择了放下，你便获得了一定的自由，因为你已经放下了压在自己身上的包袱，无论是面对朋友还是仇人，你都能够报以甜美的微笑。

相信自己，没有人能够缚得住你，没有烦恼能缚得住你。若心如潭水，好言冷语都不会在潭水上留下痕迹，得与失、成与败都不会在潭水上激起涟漪，那还有什么烦恼能缚得住你？还有什么样的伤害能痛到你？

不要被他人的论断束缚了自己前进的步伐。追随你的热情，追随你的心灵，它们将带你到想要去的地方。如果你被缚住了，要牢记，能为自己松绑的只有自己。

别为昨日的不幸浪费今日的眼泪

人心总是这样，喜欢为已经发生的遗憾惋惜，喜欢追忆昨天的甜蜜。其实，昨天都是由无数个今天组成，关注今天，就是在回忆我们昨天的快乐，在荡涤我们昨天的悲伤。昨天已经顺着时间长河匆匆流走，再也没有挽回的可能，而世事难料、人生无常，明天会发生什么，我们无法预知。所以，此刻、当下，我们能做的就是把握好今天，享受今天的美好时光。

在我们身边总是有许多这样的人，他们把人生那点仅有的时间都浪费在追忆过往。在悔恨和担忧中，生命一点点地流逝，岁月也变得越来越暗淡。时光如流水，一过便了无痕。悔恨与担忧只能让你背负更多，对挽回以往的过失没有任何意义。甚至在你自顾自的悔恨和担忧时，你今天的表现又将成为明天悔恨的对象。如此，一个恶性循环逐渐形成，你焦虑困扰，惶恐不安，生命的尽头慢慢到来。

如果你以前有过悲惨颓废的日子，现在你就该发掘生活中的欢乐幸福，而不是在时刻悔恨已过去的时光，让今日的美好从指间溜走。如果你期望明天是一个美好的未来，你就该珍惜现在的每一分钟，为自己缔造出幸福美满的生活。

今天是一个神奇的时间，它可以让你改变自己，让你充实自己，让你提高自己，让你纠正自己昨天所犯的错误，让你把昨天已经获得的经验付诸实践。把该做的事情在今天做好，才能铺好一条通往未来的路。一个人对于今天的态度，决定他能否成功。凡是因为昨天在山林间摔伤脚腕，今天就不敢再去爬山的人，永远不能欣赏到山林的美景；凡是要等到时机成熟时才愿意行动的人，等时机成熟了也不会付出努力。

今天是周五，卡斯琳早上没有起床。她把自己裹在被窝里，不愿意去学校。奶奶叫了她好长时间，她都没有应声。着急的奶奶找来钥匙，打开了房门。卡斯琳在被窝里低声地抽泣，吓坏了宠爱她的奶奶。

奶奶赶紧去拉被子，想看看究竟是怎么回事。卡斯琳怎么也不肯从被子里出来。奶奶只好隔着被子说："亲爱的宝贝，你究竟是怎么了？千万不要吓到奶奶。"在奶奶的再三劝说下，卡斯琳才说出了原因。

原来，昨天上学，卡斯琳和最好的朋友闹翻了。午饭的时候，她和好朋友一起去学校外面的餐厅吃饭。中途，好朋友要去接个电话，就让卡斯琳帮忙看着东西。卡斯琳吃完饭，好朋友还没回来。她就去点了一杯果汁，准备边吃边等好朋友。好朋友回来后，开始找钱包结账，才发现放在桌子上的钱包不见了。

卡斯琳说："是不是我刚才去要果汁的时候，有小偷进来拿走了。"

好朋友丢了钱包，心情本来就不好，听到卡斯琳轻描淡写就更加生气："我让你帮我看东西，你还跑去买果汁。你怎么可以这样？"

卡斯琳解释说："我没有看到你的钱包，我以为桌子上只有饭菜了。我……"

好朋友没有等卡斯琳说完，就撇下她走了出去。卡斯琳又羞愧又委屈，

第九章
不沉溺过去，不焦灼现在，不妄想未来

回到家整整哭了一夜。

奶奶听后笑着说："昨天的事情都已经过去了。人要往前看。你们两个原本那样要好，不会打算就这样绝交了吧？"

卡斯琳听了奶奶的劝解，决定去给好朋友道歉，好朋友非常不好意思。卡斯琳说："昨天我们都做得不对，但是事件已经过去了，是改变不了的。那就让我们今天好好珍惜我们的友谊吧。"

人生就是由无数个今天组成。如果我们能用一种美妙的方式来结束每一天的生活，那么，人生也将会以一种美妙的方式画上句号。

昨天就是昨天，昨天是时间的终结，是人生的历史，昨天的一切不会重新来过。而今天是时间的延续，是生活的起点。它就在你的身边，如果你还沉浸在往日的痛苦或甜蜜中，它将悄悄地、不留痕迹地变成让你遗憾的昨天。

得意时沉默，失意时要从容

古语云："凡事顺其自然，遇事处之泰然，得意之时淡然，失意之时坦然，艰辛曲折必然，历尽沧桑悟然。"

在你得意时，你要淡然面对，不可把它看得很重，学会沉默，不要炫耀；失意时，要坦然，不要太在意，从容一笑而过，继续努力。这一句简单的人生道理却不是所有人都能体悟到的。

诸葛亮身为一代名相，虽然饱读诗书、满腹才华，出山后在事业上功成名就，但他淡泊名利，宁静致远。虽为两朝元老，但不贪功，不倨傲，不专权，被人尊敬有加。不出茅庐，便知天下事的诸葛亮千百年来一直都被人们视为是智慧的化身，效仿的榜样。面对世人对自己的赞誉，他并没有高高在上骄傲自负，面对战事的失利他也没有选择灰心丧气，一蹶不振，而是宠辱不惊，活得淡然自如！

得意时沉默，失意时从容。许多时候，人们浮躁的心情，总是如喧嚣的世界一样，纷乱中难以静心歇息。仿佛曾经的自己，永远也做不到得意与失意的淡然与坦然中。随着时间的推移，曾经的棱角性格，已被岁月的利刃一点点刮平。经历的多了，便感觉到一切都是那么的淡然。

沉默，不是消极，也不是心灰意冷，而是用淡泊的心态看待一切。不去计较名与利的得失。不要因得意时的踌躇满志，而喜形于色，欣喜昂然，飞扬跋扈。也不要因一时的失意而垂头丧气，一筹莫展，难掩烦闷。

从容是一种境界，也是一种胸怀，又是一种信仰，还是一种品格，更是一种心态。能做到这样的心境，很难。这样的心境，需要时间的磨砺，也需要坎坷人生的锤炼，更需要坦荡心境平如水的心态。人生天地间，忽如远行客。匆匆一瞬，韶华已成白头。这时，便会把一切都看得那么淡然。在人生路上走过来，年轻时，谁都会有种浮躁的心绪。在自己行走的每一步中，都会在得与失中变幻着不同的心态。这种得与失皆源于不同的心态，伴着人一步步从幼稚走向成熟。如果年轻时，能看透得意与失意的平淡，那就不会有年轻与年老之分了。

阿伯拉罕·林肯，被认为是美国历史上最伟大的总统之一，经历了无数次的重大人生失败。22岁时自己做生意失败，23岁时竞选州议员失败，24岁时做生意再次失败，25岁时当选州议员，26岁时情人永远离开了他，27岁时他的精神差点崩溃，在29岁时竞选州长失败，37岁时当选国会议员，46岁时竞选副总统失败，49岁时竞选参议员再次失败，在他不懈的努力下，51岁时终于成功地当选成为美国总统。

他经历了无数次的重大人生失败，终于在最后一次获得成功，什么叫成功者，成功者不过是爬起来的比倒下去多一次，就多了这一次，便有了成功者与失败者。

向往功名利禄，对人们来说是非常自然的事情。但同时也要明白，所有的名利和成功不会永远存在，如同过眼云烟。同一把小提琴，可以演奏出忧伤无比的"安魂曲"，也可以演奏出兴高采烈的"欢乐颂"。如同人生，有时欢乐，有时悲伤。淡是生活的底色，心灵淡然若水，生活便能行云流水。淡者谨慎，从不自负，忘乎所以。

用平常心淡然面对成功，方能举重若轻，不迷失自我。不会因为骄傲与自满而侵蚀一颗认真生活的心。得之淡然，失之坦然。人的一生不可能一帆风顺，有得意必有失意，有欢笑必有泪水，有成功必有失败。最重要是自身的心态，如果我们在已经取得的成功里沾沾自喜，坐享其成，那么可怕的自满与自负会吞噬掉我们的成果。

得意时需要沉默，你才能从中总结经验，继续奋起前行。失败的时候，你则要从容面对，保持一个乐观积极的态度，微笑面对挫折，你就会对挑战充满信心，并且努力不懈。当你得意时，你要想这快乐不是永恒的。当你失意时，你要想这痛苦也不是永恒的。

得意时沉默，失意时从容。昨天的鲜花和掌声，已在岁月的无声流逝中渐行渐远，留下的只是那永远陪伴在自己身边那平淡的生活。当今天的荣誉和掌声再次向我们袭来的时候，真的感觉到一切是那么的淡然，一笑而过。

得意时沉默，失意时从容。淡然而又坦然，人生大境界！

别让未发生的事情影响你的情绪

虽然说"人无远虑，必有近忧"，但总是为将来莫须有的事情自寻烦恼无疑是非常痛苦的。谁也不知道明天会是什么样子，即使明天有烦恼，你今天也是无法解决的，每一天都有每一天的人生功课，还没有发生的事情，最好不要影响到你今天的情绪。

如果总是为没有发生的事情而担忧，尤其是一些遥不可及的事情，那么，这些担忧无异于杞人忧天，想得太多太远，特别是想一些没有发生的难过的事，人的情绪就会变得消沉、焦虑，就会失去原本属于我们的快乐。

"不要烦恼明天的事，因为你还有今天的事要烦恼。"《圣经》中的这句话隐含着大智慧，很多人都难以做到。人们总是为一些未发生的子虚乌有的事闷闷不乐，郁郁寡欢，自己跟自己过不去，摧残自己的身体，整日生活在忧郁里，没有心思工作，没有心思安心生活，甚至悲观厌世。

天下本无事，庸人自扰之。这一切原本不是什么烦恼，而是自己自寻的烦恼。

我们不应当为了并不一定来临的灾难性后果而忧虑，没有发生，只能证明有机会会发生，即使真的发生，我们也无法改变那些即将来临的现实。所以，最现实也最切合实际的便是要活在当下，摆脱消极和悲哀的负面情绪。

一座寺庙里有个小和尚，他负责每天早上清扫寺庙院子里的落叶。在秋风瑟瑟的季节里，清晨起床扫落叶实在是一件苦差事，每天早上，小和尚都需要花上很长时间才能清扫完落叶，这让小和尚头痛不已。他一直希望找个好办法让自己轻松些。

后来，有人对他说："明天打扫之前你先用力摇摇树，把落叶摇下来，一次性扫干净，后天就可以不用辛苦扫落叶了。"

小和尚觉得这真是个好办法。第二天，他早早就起床了，来到树下，使劲地摇树，不一会儿，树下就布满了落叶，他高兴地打扫起来，他想着明天就不用打扫落叶了，一整天都非常开心。

第二天一起床，小和尚兴高采烈地来到院子里，他满以为院子里会没有落叶，干干净净的，谁知道，院子里如往日一样落叶满地。小和尚愣在原地，想不到为什么会这样。

老和尚走了过来，意味深长地对小和尚说："无论你今天怎么用力摇，明天的落叶还是会落下来啊！"

世上有很多东西是无法提前预支的，所以，今天认真地过，才是最真实的人生态度。千万不要让没有发生的事情影响到你的情绪。否则，只会徒增烦恼。

"公司要裁员了，会不会裁我？""钱在贬值，我是不是该从银行取出来？""假如房价崩溃了，我该怎么办？""同事出了车祸，我会不会也撞车呢？"这些人总是想一些没有发生的"最坏的事情"，然后幻想它们会发生在自己身上，随着联想的深入，它们生根发芽，在内心茁壮成长，直到变得忧虑无比。

第九章
不沉溺过去，不焦灼现在，不妄想未来

据分析，凡是有忧郁症的人，大多是为已经过去的事情或者还没有发生的事情而担忧，没有一个人是为了今天正在发生的事情而忧虑的。其实，正确的做法是，对昨天过去的事不后悔，对明天没有发生的事不担忧，关键是抓住今天。

倘若心灵一片光明灿烂，那烦恼与苦痛便会远遁他乡。让我们远离杞人忧天的心态，集中精力做好今天的自己吧。

活在当下，越简单就会越快乐

一位哲人曾经这样说："只要你无限地珍惜此刻和今天，还会有什么事情值得你去担忧呢？每天只要活到休息的时间就完全够了，不知抗拒烦恼的人总是会英年早逝。"现实生活中，也的确如此。如果我们每天都活在忧虑之中，身体早晚会被过去与未来的事情所压垮。

哈佛大学心理学家吉伯特和柯林沃斯通过研究得出一个结论：一个人只有活在当下时最快乐。他们的研究报告中这样写道："人们在日常生活中将近一半的时间都处于与当下生活无关的胡思乱想之中，在这种状态下，人们很难在其中获得快乐。无论是过去的美好回忆，还是未来的美好畅想，都比不上当下生活来得快乐。因为过去的美好只能回忆，未来的美好则很虚幻。而当我们正在经历美好的当下生活时，我们就会有一种人生很完美的想法。所以说，当人们用快乐的心态去专注于当下的生活时，他就能得到最满足、最愉悦的心理体验。"

人生短暂，瞬间即过，在物质世界中，时间具有一维性，人类不能掌握时间，不能掌握空间，因而人类不能回到过去也不能预知未来，人类能够掌握的只有当下，现在的这一秒钟才是实实在在地掌握在手中的，而上一秒发生的事，已经是回忆了，成为存留在大脑中的记忆碎片。时间是无情的，它不会停下来等待你的步伐，只有感受每一分、每一秒的自己，不用忏悔过去也不必担心未来。活在当下，塑造自己的心态，改变对事物的固有看法，即使是最困难的时候也不要放弃，挺过去就是美好明天。

卢卡斯是一所名牌大学毕业的高材生。毕业之后，他一直在一家金融软件公司工作。在大学期间，卢卡斯就知道自己未来需要什么，所以为这个目标一直努力学习。由于对自己的工作非常熟悉，表现很好，多次受到上级的表扬，领导对他也信任有加。

有一次，上级把一项非常重要而且非常大的项目派给他去做，并明确告诉他，如果这次表现好的话，公司会考虑给他加薪并且还会升职。卢卡斯觉得这次机会非常难得，这是上级对他的考验，也是他自己对自己的考验。

面对如此的诱惑，卢卡斯开始了疯狂的工作。不但加班工作，晚上睡觉也无法安心入睡；对家人也不管不顾，一心放在工作上；甚至为了提前完成任务而废寝忘食，茶饭不思。就这样过了几个星期，他的项目终于接近尾声，成绩也非常突出，但是就在这个时候，卢卡斯的身体发出了警告，他病倒了。主要的原因就是压力太大，在他收获成功的同时，却失去了健康。

像卢卡斯这样身强体壮的年轻人，面对巨大的压力时，身体也会垮掉，更何况普通人了。

"天下本无事，庸人自扰之。"事情本来没有多复杂，有的人总会发挥想象把事情复杂化。不要预支明天的烦恼，要学会调整自己的心态。明天的工作明天解决，这样想，就可以保持乐观积极的心态，化压力为动力。

在我们处理事情的时候，应该先让自己冷静一下，适应一下将要面临的状况，调整好心态，做好手中的每一件事情，将来的烦恼，就让它出现以后再来解决。当然，这不是要我们当一天和尚撞一天钟，得过且过，而是让我们扎实地做好当下的每一件事情，把握今天，把握现在，为未来的成功创造条件。

活在当下，越简单就会越快乐。生命只有一次，时间是我们最大的财富，而我们拥有的时间只有当下，拥有了现在，我们也就拥有了过去

第九章

不沉溺过去，不焦灼现在，不妄想未来

和未来。过好每一天，珍惜现在拥有的一切，活出自我，活得精彩。

赶走忧郁，让心灵回归到阳光之下

每天都担忧天会不会塌下来的杞人很愚蠢，但实际上我们又何尝不是一个忧天的杞人？担心食物含有太多的添加剂，很可能会致癌；担心所在的公司会不会因为经营不善而倒闭；担心自己很可能会在未来的某一天失业；担心走在马路上会不会出车祸；担心自己年老后会不会孤苦无依……

据相关数据显示，近些年来，抑郁症患者数量激增，越来越多的都市人都处在心理亚健康状态。压抑、抑郁、忧郁已经成为每一个成年人都不陌生的"名词"，没有一个好心态怎么可能会有一个好未来，很多时候我们之所以会失败，不是败给了强大的竞争对手，而是败给了自己的忧郁消极心态。

李翰是一个小有名气的企业家，早在他30岁时，就已经成了百万富翁，随着事业越做越大，他的工作也越来越忙。

每天7点准时起床，8点到公司后一直忙于各种各样的工作，中午和晚上还有各种各样的宴会、应酬等，常常是晚上十点钟之后才能回到家中，即便是周末、节假日也不能正常休息放松，只要手机一响，有事情就要急奔公司。

年轻的时候，李翰觉得这样的工作状态十分充实，尽管劳累，但看着自己的事业蒸蒸日上，自然是喜在心头。可是到了40岁时，李翰的公司旗下光子公司就超过了十家，哪怕是审批签字以及各级会议都忙不完，更不用说还有其他应酬以及突发事件，李翰逐渐感觉到了力不从心，整个人也从年轻时的意气风发变得精神紧张、压抑。

失眠、头疼、掉头发，再加上经常没心情吃饭、不按时吃饭导致的身体消瘦，李翰的整个状态变得非常糟糕，再加上最近因投资失误而损失了几百万，人越发抑郁、烦躁、悲观。精神和身体的双重打击，让李翰不得不走进医院寻求帮助，用他自己的话说，"当时看起来像个木乃伊，我身高一米八五，那时候体重只有90斤，精神状态非常萎靡，已经是中度抑郁症，后来还吃了很长一段时间的抗抑郁药物。"

是继续在抑郁和忙碌的工作中消耗生命，还是放宽心态阳光的生活，经过激烈的思想斗争，李翰选择了后者，他开始喝茶、养花、钓鱼、健身，还专门建立了一个慈善基金用于资助贫困儿童。抑郁很可怕，但只要赶走了消极的抑郁心态，整个世界都会阳光起来，李翰时常会抄抄佛经，修身养性，后来即便是面临上千万的政府罚款，也能非常轻松平静地该吃饭吃饭，该睡觉就睡觉。

其实，担忧解决不了任何问题，它只会让我们的情绪变得焦虑，久而久之就会演变成抑郁。现代社会是一个竞争的社会，弱肉强食的环境使得人们有了更多的担忧、焦虑与忧郁，那么对于我们普通人来说，怎样才能远离忧郁，享受阳光快乐的人生呢？

（1）不要为了过去的事情烦恼。

"我当初就不应该……"我们时常会听到这样的言论，过去的已无法改变，即便再悔恨、再烦恼、再纠结又有什么用呢？如果不想变成"伤春悲秋"的林妹妹，那么从现在就开始丢掉"念旧"的习惯，目光往前看，不要为了无法改变的事情折磨自己。

（2）不为明天的事情担心。

不要预支未来的烦恼。明明还没生孩子，却开始为孩子的教育问题发愁叹气；明明自己还身强体壮，却时常担心老无所依……既然是未来的事情，为什么现在就开始担忧、烦恼呢？这不是未雨绸缪，而是给自己的心灵增加无谓的负担，如果不想因抑郁而过早衰老，那么还是不为明天的事情担心为好。

（3）只问耕耘莫问收获。

对事情结果的期待或惧怕，也会给我们增加很多烦恼，每个人的人生终点都是死亡，不要太过在意事情的结果，人生的过程才是最为宝贵的经历和财富，按照你的本心兢兢业业、勤勤恳恳做就好，只要做到位了，结果自然不会太糟糕。

第十章
用包容这把钥匙打开心灵的枷锁

包容是一种境界,一种风格。它是春风,所到之处鲜花盛开;它是阳光,亲切、明亮,带给人间无数温暖。谁能拒绝阳光呢?对每个人来说,如果在日常生活中不具备包容的胸襟,不但会伤害到他人,也会给自己带来伤害。

第十章
用包容这把钥匙打开心灵的枷锁

宽容，在善待他人的同时成全自己

"怀着爱心吃菜，比怀着怨恨吃牛肉要好得多。"圣经上的这句话看似十分朴素，却包含着非常深刻的道理。

在人与人的交往过程中，我们会遇到形形色色的人：自私想占你便宜的人，背后想暗算你的人，偷偷给你打小报告的人，凶狠地想揍你的人，非常仇恨你的人，暗地里诽谤你的人，想偷你东西的人……人们一旦碰到对自己极具威胁的人，都不会有什么好感，只不过有些人用"包容"之心淡然对待他们，而有些人则出于"自我保护"的本能对他们做出言语或行为上的攻击，并开启"自我保护的战斗"模式。

如果一个小偷想窃取你的东西，结果被你发现，这时你立即恶狠狠地抓住对方送至公安局，我们很难说这种做法有什么不妥，不过对于一些无关原则的小事，宽容之心就显得尤为重要，俗话说，冤家宜解不宜结，在善待他人的同时又何尝不是在成全自己呢？

高梦是一家高档餐馆的老板兼前厅经理，眼看下午一点半了，大部分前来就餐的客人都陆陆续续结账离开了，作为前厅经理，高梦特地来到收银台，和收银人员核对中午的点餐以及结账情况。

经过一系列核查，高梦发现一个包间的点餐和结账情况出现了偏差，点餐金额为630元，可最后实际收银金额却只有588元，高梦立即意识到，肯定是"漏单"了，仔细一查果不其然，中途客人加了一壶价格42元的菊花茶，收银时这笔钱却没有计算在内。此时，该包间的客人早已经结账离开，根本不可能找到对方补单，随即高梦找到了负责该包间的服务员小李。

"今天××包间的客人少结了一壶茶水钱，小李你核对一下，看看是不是忘了下单。"高梦单独把小李叫到一边，语气和善地问。

小李找到客人的点餐以及收银记录，一看确实丢了一壶42元的茶水钱，当即红着脸低着头十分不好意思地回答道，"实在对不起，我也不知道怎么给弄丢了,可能是忘了下单,这确实是我的工作失误,漏单的钱,您直接从我工资里扣吧!"

高梦一边笑着一边拍了拍小李的肩膀,接着说道:"你不用这么诚惶诚恐的,我有那么可怕吗?漏单的钱算我的,不会扣你工资的,以后工作的时候多注意就行了。"

对待犯了错误的下属,高梦不仅没有半点责怪之意,反而用十分宽容的态度宽慰对方,这令服务员小李非常感动,随即小李暗暗下定决心,一定要好好工作来回报领导对自己的宽厚。餐馆的服务员流动很大,一波波人来了又走,走了又来,但小李始终不曾离开,由于工作时间最长,小李自动承担起了新员工培训工作,她一边自己学习一边带领新员工学习,在她的积极拉动下,高梦的餐馆服务水平逐渐提高,最后竟成了当地餐饮行业服务标兵示范单位,生意自然也跟着火爆起来。

其实,愤怒、攻击别人不仅会伤害他人,还会让我们筋疲力尽、倦怠不堪,所以不管是面对犯错的下属,还是背叛自己的朋友,抑或生意场上的竞争死敌,不妨多一丝宽容之心,少一点愤怒与攻击。试想,如果高梦因为"漏单"的事情冲服务员小李大发脾气,那么小李很可能会一气之下选择离职,又如何会有后来的"福报"呢?高梦的高明之处就在于,她用自己的宽容换来了小李的赤诚衷心,如此不难看出,宽容所蕴含的巨大影响力。

以恨对恨,恨永远存在;以爱对恨,恨自然消失。人们常说冤冤相报何时了,讲的就是这个道理。在日常的工作和生活中,人与人之间很少会有什么深仇大恨,大多都是一些小矛盾、小摩擦,所以为什么非要争锋相对呢?多一点宽容,既可以善待他人,又能够成全自己的好人缘,一箭双雕的事情,又何乐而不为呢?

大事化小,才能烦恼渐消

生活中,经常会看到这样的事情:公交车上,两个人互相谩骂,争

第十章
用包容这把钥匙打开心灵的枷锁

得面红耳赤,甚至要大打出手。刚看到这种场面,一定以为他们之间有什么深仇大恨,冤家路窄正好碰到了一起。其实,真正的原因只不过是一个人踩了另一个人的脚,互不相让罢了。

也许你会说,这么点小事,至于吗?没错,事情的确很小,但最主要的是双方都没有把它看成一件小事,更没有冷静地对待此事,才使双方的摩擦越来越大,搞得满城风雨。如果刚开始就有一个人退让一步,事情也不会弄到如此地步,也许双方还能成为朋友。

生活在复杂的社会环境中,矛盾和争执是不可避免的。出现问题时,当事的双方要互相体谅,互相宽容,大事化小,小事化了,才能消除烦恼。如果相互之间互不礼让,甚至进行报复,那么矛盾越来越大,对谁都没有好处。

所以人与人之间要和睦相处,不要轻易给自己树敌,就算是别人有错在先,也要先冷静下来。一个人正在气头上时,很容易意气用事,所以说出来的话、做出来的事都是没有理智的,就算是个平时说话相当谨慎的人,也会因为考虑不周而祸从口出。正所谓"冤家宜解不宜结",尤其是朋友之间,反目成仇会造成终生遗憾。在和你的朋友产生矛盾的时候,不妨主动原谅对方,把矛盾消灭于无形之中,这对朋友还有自己都是一种精神上的解脱。

要想大事化小,小事化了,就一定要有宽容大度的胸怀和以德报怨的精神。要想拥有一个舒畅美好的世界,在面对他人的恶意陷害和侮辱的时候,我们就应该以德报怨,把伤害留给自己,以大度宽广的胸襟去包容一切,这样才能挽救双方已有的关系,使对方真正认识到自己的所作所为对别人的伤害,彼此间的关系才可能融洽,大家才可能和睦共处。

这是发生在二战期间的真实故事,一支美国部队正在路上行进,突然遭到敌人的偷袭,战士们经过誓死抵抗,终于突破了重围,来到一片安全地带,可是战士们却发现有两名战士不见了,他们又回到激战的地方,也没有发现二人的踪影,于是认为他们一定是死了,便不再继续寻找。

其实，这两名战士只是在撤离的时候掉了队，在森林里迷了路。正好这两个人是老乡，感情很好，所以他们相互鼓励着，相互照料着，就这样一直持续了十多天。可是，筋疲力尽的他们却没有联系上部队，二人在死亡线上挣扎着。就在他们快要支撑不下去的时候，一只瘦弱的鹿闯进了他们的视野，二人立刻来了精神，瞄准射杀了鹿，有了鹿肉，他们就能再支撑几天了。

可是，由于战争的原因，动物四散奔逃或被杀光，后来他们再也没有看到什么动物。没有吃的东西，就无法生存下去，所以他们把仅存的一点鹿肉包裹起来，让其中一名战士背在身上，不到万不得已绝不吃掉它，他们把这当成了最后的希望。很不幸的是，他们在这种境地下竟然又遭到敌人的攻击，幸好他们又一次巧妙地逃脱了，就在他们以为安全的时候，只听一声枪响，背着鹿肉的那名战士中枪了。另一名战士从后面紧追上来，立刻从自己身上撕下一块布条给受伤的兄弟包扎上，眼里还不住地流着泪。这天夜里，没受伤的战士神情很呆滞，嘴里还不停地喊着妈妈的名字，这两个人都处在绝望之中，即使已经没有了生的希望，他们都没有动那块鹿肉。

谁知第二天，他们的部队正好走到这里，发现了他们，就这样，他们竟然奇迹般地获救了。战争结束后，这两名战士回到了自己的家乡，他们成了生死之交。

而在三十年后，那位受伤的战士回忆说："我知道那一枪是谁开的，他就是我的战友，因为他为我包扎时，我感受到了他那发热的枪管。可能他是为了得到那块鹿肉，活着去见妈妈，不管怎样，我还是原谅了他，因为我知道，如果拆穿对方，谁心里都不好受，既然我心里没有怨恨，还能得到一个朋友，为什么不这么做呢？"

有生之年，故事中受伤的战士从未提起过开枪的事，他也从没有怨恨过自己的伙伴，他把所有的伤害都放下了，用他那宽恕的心让战友和自己保持着一种和善的关系，让双方在伟大的友谊中度过了余生。

我们常说："君子报仇，十年不晚。"这让我们潜意识里只记住曾经伤害过自己的人，如果是这样，时间一长，你心中的仇恨一定越积越多，甚至会伴随你的一生。只有等到你快要结束生命的时候，才会幡然醒悟，自己才是心中仇恨的最大受害者。

包容并原谅伤害你的人，就能让自己的人生多一分理解与赞美，少一分怨恨与敌视。只要你拥有了宽容的心态，把大事化小，任何事情都不会破坏你与他人的关系，这样你就能消除一切烦恼，这也是一个真正有智慧的人所必备的气度与心胸。

对于别人带给我们的伤害，生气愤怒是人之常情，但如果我们能够高高兴兴地享受生活，何必要生气呢？不管我们多么有理，心中怀有仇恨总是不值得的。潜留在我们内心里的侮辱和永难平复的创伤，都会损坏我们生活中许多美好的事物。所以，我们应尽量以愉快的心情，来处理生活上的各种问题。即使愤怒，也最好能尽量忍在心里，不要爆发，大事化小，小事化了，才能消除烦恼。

转化抱怨，感受丢掉抱怨后的美好

正如马云所说，"世界上最没用的就是抱怨，面对每次打击，只要你扛过来了，就会变得更坚强。"在现实生活当中，每个人都会面对诸多不顺：或遭遇恋人的背叛，或在职场上被小人打压，或时运不济无人赏识，或穷困潦倒不知道明天在哪里……有些人遇到困难时，乐观地去尝试改变现状，而有些人则往往用"抱怨"来发泄自己对这个世界的不满。

从心理学角度而言，喜欢抱怨的人，内心通常也比较阴暗，他们一味在自己营造的"悲剧"中扮演"苦主"的角色，却从未反省过自身，从不会意识到造成眼前"悲剧"的人就是自己。抱怨解决不了任何问题，与其把时间花费在自怨自艾上，还不如凭借自己的力量去尝试改变现状。

四十五岁的老宋是一名基层公务员，尽管已经工作了二十年有余，但老宋的职位却稳如泰山，依然是一名普普通通的科员。

在这二十多年间，老宋见证了周围很多人的人生轨迹：十几年前的同事老D在1997年辞职下海，干起了房地产行业，如今早已经成为身家几千万的房地产公司老板；老同学S走的是教学科研道路，经过二十多年的不断积累，已经成为某大学的副校长，有地位、有身份，非常受人尊敬，而且收入也相当不菲；住在对门的邻居，男主人和老宋年纪相当，从一个小诊所的医生成为当地最大医院的骨科骨干医师……唯有老宋二十多年如一日，职位没有任何变化，收入也是捉襟见肘。

面对如此巨大的差距，老宋每天都是愁眉苦脸的抱怨，"兢兢业业干了二十多年，就算没功劳也有苦劳吧，结果到头来只能拿这点钱，还不够人家老D一顿饭钱呢！"尤其是碰到上级检查，不能按时下班，连节假日也要连续加班时，老宋的抱怨就更停不下来了，"这些领导们真是太过分了，有事没事就搞这检查、那检查，生怕基层公务员过得太舒服……"

每次聚会活动后，老宋的情绪都会严重失衡，看着老D上百万的车开着，而自己连打车钱都要计较，明明当初在同一个科室上班，当时两个人的职位和收入也是半斤八两，可如今的差别却是一个天上一个地下。

老宋时常表达对自身现状的不满，却从未做出过改变，他只顾一味发泄自己的负面情绪，却对老D创业时的艰辛、压力、风险等避而不谈。浑身负能量的人到哪里都很难招人喜欢，没有哪个领导会赏识一个不停抱怨的下属，或许老宋之所以没能在仕途上更进一步，正是因为他的消极"抱怨"。

倾诉我们所遭遇的不幸，是减轻心理压力、舒缓消极情绪的一个好办法，但凡事过犹不及，无止无休地倾诉和抱怨只会让你成为另一个"祥林嫂"。如果不想在"抱怨"中丢失自我，那么就必须要停止抱怨，具体来说我们应该怎样做呢？

（1）多从自身找原因。

不要把自己的不幸归结成客观原因，如果你对自身的境况不满，那么不妨从自身找找原因。想想看：是不是自己不够努力，是不是自己当初决策时太过于优柔寡断……这样的归因方式能够很好地帮助我们远离抱怨。

（2）不要困于情绪，而是应当赶快行动起来。

消极的情绪会吞噬掉我们的自信、精力和宝贵的时间，所以还是赶快行动起来吧，与其抱怨自己的薪水低，不如赶快行动去学习、去提高自己的工作技能和职场竞争力。

将一切看淡，反而收获更多

我们在面对各式各样的困难与挫折的时候，总会因为自身处在漩涡中心，而产生"旁观者清，当局者迷"的感觉。

被不同的事情牵绊着，每每向前行走，我们就会不经意间回首往事。一些人、一些事，总让我们难以释怀；除此之外，我们追求着本来单纯的梦想，却经常脱离初始的轨道，开始追名逐利，去争夺一些虚无缥缈的东西。我们把一切看得重，却收获得最少，最终郁郁不得安。其实，如果我们面对一切时都能看淡，做一个潇洒的旁观者，也许，我们就不会为心所绊，以至于头脑中生出错误的决定。这样我们就会少一些后悔，少一些遗憾，多一些自信，多一些骄傲。

青春年少的我们，认为轰轰烈烈的人生才是一种精彩，幻想着电影剧情般的生活，罗曼蒂克的爱情，一帆风顺的工作。然而，当我们慢慢变得成熟后，却发现原来平淡的生活才是自己的追求，风平浪静的人生才是最好的。

有时候要得太多，反而会得不到，倘若凡事看淡，静下心来，反而会收获更多。常言道，谋事在人，成事在天。对人力不能左右的事情，不需要有太多的想法，也不需要缜密的规划，太过公式化的生活会让人失去原本的活力，顺其自然反而会有意想不到的收获。经历过很多事情后，我们就会明白，许多正确的决定，往往是在看淡了之后，才能清晰地浮现在脑海中。

巴西作家保罗·柯埃略在《少女布莱达灵修之旅》中写道："对人生，

有两种不同的态度——建造或者耕耘。建造者实现目标可能要花费多年，但终有一天会完工。那时他们会发现自己被困在亲手筑成的围墙里。在收获的同时，生活失去了意义。选择耕耘者则需要经受暴风雨的洗礼，应对季节的变换，几乎从不歇息，他们允许人生充满不考虑未来、不考虑收获的冒险。"

在保罗看来，建造者时刻关注着距离自己的目标还有多远，时刻考虑着结束的时候会不会有收获，而耕耘者则是尝试着耕耘，不问结果。

耕耘者的人生信条是：耕耘就是收获。

选择做建造者还是耕耘者，是人生的大问题。努力过却没改变人生的机会，于是我们开始抱怨生活，抱怨社会，抱怨节奏快，抱怨压力大。我们叹息着，犹豫着，为了生存，为了生活得更好，只得硬着头皮向前。然而，生活的轨迹不一定会因为我们的付出发生改变。

都说天道酬勤，一分耕耘就有一分收获，所以我们一点都不吝啬自己的勤劳。然而，当付出得不到回报时，我们便开始抱怨。

抱怨是一剂慢性毒药，不仅使我们的身体中毒，还让我们对人生的态度发生变化。在充满怨恨的空气中生活，我们的毅力会不断被消磨，就像一波"溃堤"的蚂蚁，激情与精力瞬间被生活的洪水摧毁。

有位叫斯尔曼的残疾人，很早便患了慢性肌肉萎缩症，单是行走就很困难，然而他依靠坚强的毅力和顽强的信念，创造了无数奇迹。年仅9岁的小斯尔曼就随科考队攀登上了世界第一高峰珠穆朗玛峰；21岁时，他跟随朋友们一起登上了阿尔卑斯山；第二年，他又登上乞力马扎罗山。不到30岁的斯尔曼登上了闻名世界的所有著名高山，不得不说这是一个真正的奇迹。

然而，谁都没有想到的是，就在他即将过29岁生日时，他却自杀了。据说，在斯尔曼年幼的时候，他的父母在攀登珠穆朗玛峰时不幸跌下山，受重伤而亡。临终前，斯尔曼的父母希望斯尔曼能像他们一样征服所有的高峰。年幼的斯尔曼把父母的临终遗言作为人生的理想。在他实现这些目标时，便产生了无法抗拒的绝望感。

第十章
用包容这把钥匙打开心灵的枷锁

斯尔曼留下的遗言是:"当我攀登了那些高山后,我感到世界上没有任何事情值得我去做了。"

我们可以猜想,假如斯尔曼不是把登山当作自己人生的最高理想,而是去享受登山的过程,他就不会在完成目标之后陷入深深的空虚。斯尔曼把人生的最高理想定为征服世界上的高峰,有的人可能会嘲笑他的目光短浅。然而,仔细想一下,很多人自己何尝不是像斯尔曼那样把人生的目标定为一个个点?读完小学,读中学;读完中学,读大学;读完大学,找到工作;有了工作,接着组成家庭……我们的人生像通关游戏,在某个过程中一旦没有达到目标,便会陷入深深的痛苦与绝望。

我们不妨停下来想一想,为什么不做一个简简单单的耕耘者呢?

不一定所有的春耕之后都有秋收,不一定所有的春华之后都有秋实。人生并非不断地奋斗收获,收获后再继续奋斗,我们应该学会享受这种顽强坚持中的每时每刻。太在乎成绩的人,往往会忽略对每一个波澜壮阔的感悟,也不会把多姿多彩印在脑中,所能记忆的只有最终的那份苦闷与艰难。

其实,在不断奋进的路上随时都会产生快乐,只不过我们一心盯着终点,没有留意罢了。所以,我们不应该将快乐简化为目标达成后的那一瞬间浮华。

我们执着于要做出成就,无可厚非,但人生的本质不应被误读。将身边的事看淡一些,生活的目的是追求快乐而非冷冰冰的成功。

欲望往往会干扰前行的脚步,疾行中的我们会因此而摇摆不前,犹如被套上枷锁,失去了自由,也失去了本真。我们之所以觉得活得很累,那是因为我们无意中把结果当成了一切,忽视了享受过程。

在这个浮躁的世界上,无数人奔走在追求成功与收获的漫漫长路上,他们茫茫不知所至,渐渐地迷失了原本的方向,忘记了人生本来的快乐。他们总是被痛苦所打击,于是尽力忍受着,时间一久便只能感受到痛苦而麻木一切。对结果的期望越高,实现起来就越难,一旦无法实现便开始焦躁,痛苦也就多了起来;痛苦太多,心力必然交瘁。

当这种情况达到极限时，就必然会在愤懑和失落中沉沦下去。

人是大自然的一分子，需要像世间万物那样顺其自然，不仅要承受狂风暴雨，严寒酷暑，也要享受阳光雨露的滋润，享受生命中的点点滴滴。

生命的过程是回归自然的过程，不刻意，不妄为，不造作，一切随缘。不管前路有多少障碍，无论怎么样，都保持自然、随性的心态，尽力去做，至于结果则一切随缘。

第十一章

心放宽：想得开放得下，脾气才会沉稳下来

心宽是福，它是一种良好心态，是一种崇高境界，也是一种人生智慧，否则看不开就是苦。心境宽了，就能善待宁静，就能大度处事，就不会与他人较劲，就能延年益寿，享受一生的平安与富足。因此，做人一定要想得开放得下，保持恬淡心，脾气才会沉稳下来，从而收获幸福。

第十一章
心放宽：想得开放得下，脾气才会沉稳下来

心境的控制是人的最高境界

　　心境的控制是人的最高境界，有什么样的心境，就会有什么样的生活状态。心理学研究发现：不能控制自我心境的人，性格往往浮躁、胆小、怯懦，遇到困难更容易放弃拼搏，因为他们对未来更没有信心；相反，那些能够控制自我心境的人，则十分擅长从风险中把握机遇，从挫折中获得动力。

　　人生在世，总是会被各种各样的问题所困扰，但实际上，困扰我们的并不是问题本身，而是自我的心境。同样是半杯水，在乐观者眼里是"这里居然有半杯水"的惊喜，但到了悲观者那里，他们只会唉声叹气地感叹，"怎么只剩半杯水了"。一个人拥有怎样的心境，就会拥有怎样的人生，如果不想在灰心绝望中沉沦，如果还想成为社会中的精英，那么就必须学会控制自己的心境。

　　求职屡屡碰壁的小王，为了糊口只得干起"上门推销"的工作，尽管他早就知道这份工作不好干，但没想到，上班第一天，在拜访第一家客户时就碰了个硬钉子。当小王辛辛苦苦爬到五楼，敲开客户家门后，还没等介绍随身携带的"去油污精"，对方一看是推销人员，直接冷冰冰地拒绝道："我今天没空，改天再说！"然后直接咣当一声锁了门。

　　客户言语中的敷衍、厌烦，让小王心里十分受挫，一时之间，他的心境中满是失败、自卑、失望等，甚至一度想放弃这份工作，但卡耐基的事迹改变了他，为什么同样是推销员，卡耐基能如此成功呢？这说明，并不是推销工作本身不能成功，而要看你能不能把推销这件事做成功。

　　改变心境后的小王，再次带着满满信心敲响了这家客户的门，遗憾的是他再次被拒绝了，但他没有灰心，而是三番五次地来拜访这家客户。等到他第五次拜访这位客户时，终于得到了积极的回应，客户听完了小王对"去油污精"的介绍，并将他邀请到了家中，"你说了这么半天也不知道是不是真好用,我试试如果没你说得这么好用,我肯定不会买的。"

小王十分热情地拿出了试用装,并用其擦拭客户家的油烟机,结果非常顽固的油渍很容易就清洗掉了,客户看完当即夸赞道:"看来这东西是不错,我直接买五瓶。"小王当即十分真诚地建议道:"您还是先买两瓶吧!这种产品的有效期比较短,过期了清洁效果会大打折扣的,您什么时候需要了,我再过来。"小王真诚服务的精神打动了该客户,他不仅长期使用这款清洁产品,还义务做起了"宣讲员",帮助小王介绍了不少其他客户。

心境的控制是成功的助力器。每个人的人生道路上都会遭遇挫折和失败,可是很多人无法控制自我的心境,被眼前的困难吓住了,不敢再向前走,殊不知成功就蛰伏在挫折之后。那么,怎样才能更好地控制心境呢?

第一,请保持乐观。

生活就是一面镜子,你对它哭,它就对你哭,你对它笑,它也会用微笑迎接你。人生在世,的确会有很多事情不尽如人意,但只要我们保持乐观的心态,积极发挥自身的主观能动力,那么就必然能够化被动为主动,从而化解矛盾,走出"无奈"的阴影,更好地控制自己的心境。

第二,请保持冷静。

如果遇事就冲动,让愤怒、急躁、苦闷等情绪占据上风,那么我们所做出的决定也必然会"情绪化",越是在心烦意乱的时候,越是在情绪激动的时候,越要保持冷静,唯有冷静下来,我们才能理智地思考,才能做出最有利于自己的正确决定。学会控制自己的心境要先从保持冷静开始。

第三,需自我磨砺。

每个人的心境都处在不断的变化之中,要想强化自身对心境的控制力,就必须进行有针对性的训练,即遇到挫折和困难时,要有意识地磨砺自己,用乐观、希望驱赶内心的消极和悲观,从而不管身陷何种处境

第十一章
心放宽：想得开放得下，脾气才会沉稳下来

都能够始终保持一个良好的心境。

人生不如意事十之八九，但只要我们能够控制自己的心境，在专注中乐观，在冷静中平和，那么自然就能少很多烦恼，多出更多的希望和正能量。

不浮躁，做事要沉得下去

这是一个浮躁的社会，一切变得那么急功近利，人们已经很少能沉下心来静静地读书和做事。什么都在追求着速度，足球喊着冲出亚洲走向世界；企业喊着××年内冲进全球××强；个人喊着我要升至××、拿到××年薪。

人往往急于求成，好大喜功，幻想着"天上掉馅饼"。自己缺乏脚踏实地的精神，心里却一直想着侥幸获得成功……这种心理情绪就叫浮躁。心理学家认为，心浮气躁，是成功最大的敌人。浮躁使人行动盲目，心神不定，做事静不下心来，没有耐性，缺乏恒心和毅力。

诸葛亮的《诫子书》中提到"静以修身，俭以养德"，大意是品德高尚、德才兼备的人，是依靠内心安静精力集中来修身养性的，是依靠俭朴的作风来培养品行的。其中，最重要的一点就是告诫我们不要浮躁。拒绝浮躁，事不贪大，做人不计小；拒绝浮躁，做事要沉得下去，脚踏实地，大胆地假设，小心地求证，不要好高骛远；控制浮躁，稳健迈进，做事沉得下去，乐观地面对人生。

苏玉红是漯河市教育局派驻临颍县皇帝庙邓庄村的第一书记，驻村三年，她不浮躁，做事沉得下去，用公仆心换来了鱼水情。

当年，苏玉红刚进村时，就决心通过自己的努力，让全村群众过上更加美好的生活，可她从村组干部和群众的眼神里，看到了一些不信任的目光。群众都不太欢迎她，总觉得派一个女的来驻村，还是个老师，能干啥呢，大家都有点失望，但这并不能削减苏玉红的工作热情。

为了和群众说上话，拉近感情，苏玉红开始了逐户登门走访行动。

有的群众在田间干活时，她就到田间地头顶着烈日与群众一把土、两腿泥地一起干一起谈。就这样，经过一个多月的努力，她基本上把全村的农户走访了一遍，摸清了村情民情，找准了发展的优势、劣势和存在的问题。

苏玉红深知，要获得群众的长期信任和认可，不能只停留在拉近感情上，还必须实实在在干几件漂亮事：在她来邓庄村的第二年，就让大家吃上了自来水；学校房屋全面维修，并给学生修了一条上学的路；解决了农田浇水困难；村室也建了，有活动场所，文化广场大戏台，村民们可以在这儿跳跳广场舞，打打乒乓球……开展各种健身活动。

一桩桩、一件件实事、好事的落实，圆了乡亲们多年的梦想。

临颍县皇帝庙乡邓庄村村民张灿华说，自从苏书记来了俺村以后，给俺村办了不少实事。在建设方面给大家带来了方便，生活方面也越来越丰富多彩了，大家都从心里边感谢苏书记。

对此，苏玉红说，我心里想的是一份责任，就觉得你既然在村里，就应该沉下心来为他们做一些实事，就是满足他们一些合理的要求。

用"我贴在地面步行，不在云端跳舞"来形容苏玉红再合适不过了。不浮躁是一种必不可少的力量，只有不浮躁的人，才能沉得下心去做事，才能经得起岁月的洗礼。

伴随着社会利益和结构的大调整，每个人都面临着一个在社会结构中重新定位的问题。如何才能避免心神不宁、焦躁不安，拒绝浮躁心态呢？

第一，我们必须在专注中，不断充实自己的知识，提高自身素质才能跟上信息化发展的步伐，扎扎实实走好每一步。

第二，谦虚做人，理智做事。社会在不断发展进步，我们的综合素质也要与时俱进。在工作和生活中不断去学习，不断去完善自己。保持清醒理智的头脑，时时严格要求自己，学会满足，学会踏实做事，学会不浮躁，用扎实的基础营造美好的未来。

第三，知己知彼，求真务实。务实是开拓的基础。没有务实精神，开拓只是花拳绣腿。遇事善于思考，考虑问题应从现实出发，看问题要站得高、看得远，切实做一个实在的人。克服浮躁，脚踏实地，有容乃大、戒骄戒躁、不紧不慢。

第四，重视自我的行为习惯，时时提醒自己从小事做起，耐住寂寞与平淡。笑迎挫折，永远以自信、乐观、积极进取的姿态对待挫折，循序渐进，日积月累。

第五，千里之行，始于足下。从实际出发，好好地沉淀自己，从现实中汲取有价值的营养，不浮躁，做事沉得下去，厚积薄发，就有希望到达终点。

为自己的心态找个平衡点

正如卡耐基所说"心态决定命运"，一个心态消极的人注定会在自怨自艾中走完自己的一生，而一个心态积极者则会在不断的进取中成就自我。不过一个人的心态是处在动态变化中的，时而消极，时而积极。从心理学角度而言，不管是哪种情绪，太过激动都不是什么好现象，唯有找到一个平衡点，才能避免成为"情绪"的傀儡，从而冷静理智地掌控自己的人生。

人的情绪会受到很多客观因素的影响：外界的刺激，周围的环境，气温高低，日照时间长短，天气状况……比如长期生活在高纬度地区的人们，由于日照时间短，夜晚和冬季都非常漫长，所以人的情绪容易变得压抑，靠近北极圈的高纬度地区也是全球抑郁症的高发地区。

除了上述所说的客观因素，人的情绪主要受自身状况影响，性格、个体反应差异、对外界刺激的关注度、神经系统的灵敏度、自我控制能力等都会直接影响我们的情绪变化状况，不过绝大多数因素是无法改变的，我们要想让自己的情绪保持在一个比较平稳的状态，就只能通过自己的意志力和对情绪的自我控制能力来实现。

小A和小B就职于同一家公司，但两个人的心态却完全相反。小A性格内向，心态趋于保守，很少会大喜大悲，没有太多激烈情绪波动；而小B性格很外向，经常和同事们说说笑笑，不过比较情绪化的小B生起气来也是毫不含糊，这一秒还满脸都是笑，下一秒没准就是"黑云压境"。

实际上两个人的工作能力并不逊色，在公司一直都是兢兢业业，但奇怪的是三年过去了，小A和小B在原来的职位上没有丝毫变动，没有升职也没有加薪，连比他们后来的小D都调了一次薪，为什么小A和小B两个老员工却没份呢？

在领导们看来，小A实在是太过于保守，看事情总是往坏处想，这种偏消极的心态注定小A是个墨守成规的人，缺乏开拓精神，如果真的提拔小A做领导，恐怕整个部门都是这种风气，对于公司来讲，这会非常不利。小B虽然开朗外向，比较有号召力，但太过于情绪化，和刚出校门的孩子一样，一会儿高兴一会儿不高兴，怎么看怎么不靠谱，领导实在不放心把非常重要的事情交给小B办！

其实小A和小B代表了我们生活中的两类人，不管是情绪太过稳定，还是情绪太过不稳定，都不是一件好事。要想在职场当中如鱼得水，就要想办法找到自己的心态以及情绪平衡点，该情绪高昂调动大家主观能动性的时候就要拿出情绪的感染力来，该保持沉默时就要宠辱不惊，泰山崩于前而不改色。

那么，对于我们普通人来说，怎样才能更好地找到心理平衡点呢？

（1）感性与理性要分场合。

人在社会中扮演着多种角色，不同的情绪应当对应不同的场合，比如在与恋人相处时，就可以适当更感性、更情绪化一些，只有这样才能让对方更好地感知你的喜怒哀乐，从而享受亲密无间的甜蜜。但在工作当中，则要冷静理智，不可表现得过于情绪化，否则会给上司留下"不可信"、"不靠谱"、"不稳重"的印象，如此一来，要想加薪升职就会和小B一样变得异常困难。

第十一章

心放宽：想得开放得下，脾气才会沉稳下来

（2）一定要避免情绪失控。

每个人的心态以及情绪都有不同的属性，有些人偏积极，有些人则偏消极，还有一些人则比较中性，不管你的情绪和心态是什么属性，都不必太过于纠结，情绪和心态本身没有好坏，只要避开了情绪失控的陷阱，你就能找到心态的最好平衡点。谁都免不了会有情绪失控的时候，但如果失控是常态，那么你就需要重点注意了，可以先找出情绪失控的原因，再对症下药进行校正调节。

一个文质彬彬的君子，可以一秒钟变成一个双眼充满血丝的暴徒，这就是情绪的力量。情绪对人的影响力是非常巨大的，唯有保持平稳的情绪才能冷静理智地处理生活和工作中的各种事务，唯有拥有一个平衡的心态，才能不卑不亢、不急不躁地应对接踵而来的各种人生挑战。

对生活的期望永远不要太高

人生际遇反复无常，不幸常常发生在瞬间，让人措手不及。面对不尽如人意的剧情，还需秉承"不以物喜，不以己悲"的精神，淡定去接受眼前的一切。许多时候，用豁达的眼光看待身边的人和事，心中就会有喜悦。

请牢记，人生只是一场旅行，无所谓幸与不幸。即便身处困苦之中，也要让自己乐观。遇事做到顺其自然，就能想得开、看得透，把遗憾转化为喜乐。这既是个人成长的智慧，也是调控情绪的哲学。

如果你仔细观察就会发现，每个屋檐下都有被命运无情摧残的人，他们被生活、命运无情地捉弄，内心苦闷，有的人在自怨自艾中沉沦，但是也有人打起精神，放低姿态接受一切，将内心的遗憾渐渐抹掉，重新找回快乐的自己。

一对清贫的老夫妇养了一头牛。这一天，老头牵着牛到集市上，准备换点更有用的东西。他先用牛换回一头驴，又用驴换了一只羊，再用羊换来一只肥鹅，又把鹅换成母鸡，最后用母鸡换来一袋烂苹果。

在回家的路上，老头扛着苹果来到一家小酒店休息，遇上了两个商人。闲聊中，老头描述了自己赶集的经过，两个商人听完哈哈大笑。

"你回家肯定挨老婆骂。"其中一个商人说。但是，老头说绝对不会。随后，两个商人拿出一袋金币跟老头打赌，如果猜得不对，就白送给他。

三个人来到老头的家中。老太婆见老头回来了，非常高兴，兴奋地听着用牛换东西的经过。每次听到老头用一种东西换回另一种东西，她都充满了期待，还不时地说："哦，驴子可以驮东西"、"羊奶很好喝"、"鹅毛多漂亮啊"、"终于可以吃上鸡蛋了"。

最后，看到老头带回家的一袋烂苹果，老太婆仍旧满心欢喜："今晚可以吃苹果馅饼了！"两个商人顿时傻眼了，没想到老太婆这么积极乐观，即使换东西吃亏了也不恼火。按照打赌约定，这对老夫妇赢了一袋金币。

生活中的难事、难题太多了，如果遇到一点儿麻烦就表露在脸上，那么你注定愁云满面。不要为失去的东西、眼前的挫折感到遗憾或懊恼，甚至埋怨生活。因为任何抱怨都是徒劳的，有些东西注定无法马上改变。

一个理智、智慧的人懂得，对生活的期望不要太高。追求成功的时候，他就做好了随时迎接失败的准备；渴望幸福降临的时候，他已经准备好面临所有的苦难。生活中，怨天尤人没有任何意义，只有保持平和的心境，才能收获幸福的人生。

在任何地方，那些幸福快乐的人都有一颗豁达的心。他们遇事不钻牛角尖，懂得随遇而安，适时放低期望，找到了与这个世界安然相处的方法。用平和的心感知并理解这个世界，痛苦会少一些，快乐会多一些。而且，未来掌握在你手中，这是改变命运的最大筹码，又何必让烦恼占据你的心灵呢！

人生就像一场没有计划的旅行，你永远不知道下一步会走到哪个路口。遇到磨难、困苦，乃至命运的"捉弄"，那种无力感让人绝望。愤怒无济于事，懂得随遇而安，相信一切都是最好的安排，心情就会快乐一些。如果能够化遗憾为淡然,那么心中的苦痛就会少一些,幸福多一些。

学会给心理"排毒":建立积极的心理暗示

每个人都带着一个看不见的法宝。这个法宝有两种不同的力量,这两种力量都很神奇,它会让你鼓起信心和勇气,抓住机遇,采取行动,去获得财富、成就、健康和幸福;也会让你排斥和失去这些极为宝贵的东西而变得一无所有。这个法宝便是心理暗示。

我们一定还记得鲁迅先生笔下的那个阿Q,阿Q其实是个聪明人,他的"阿Q精神胜利法"实际上就是一种积极的心理暗示,如果我们在特定的时期和场合中运用这种方法,对心理的调节是很有疗效的。

一个人可以通过积极的心理暗示,自动地把成功的种子和创造性的思想灌输到潜意识的大片沃土中。相反,也可以灌输消极的种子或破坏性的思想,而使潜意识这块肥沃的土地满目疮痍。

当人处于一种陌生、危险的境地时,会根据以往形成的经验,捕捉环境中的蛛丝马迹,来迅速做出判断。这种捕捉的过程,也是受暗示的过程。例如,当面临困难的时候,人们会自我安慰:"马上就过去了。"从而减少忍耐的痛苦。而当人们在追求成功时,会设想目标实现后的情景,这一情景对人也构成一种暗示,它为人们提供动力,提高抗挫能力,保持积极向上的精神状态。

对待周围事物的态度往往反映了自己的心智。相反,对周围人与事评价的改变同样会影响人们的心态。多去赞美周围的事物,把眼光集中于积极方面,就会不自觉地向自己传输积极的暗示;而如果把眼光局限于事情的阴暗面,则会受到消极的心理暗示。所以,适当调整对待周围人与事的态度,会大大影响自己的心理暗示。

任重是一家医院的医师,这天,医院里住进了一位年迈的老太太。傍晚时分,老太太找到值班的任重:"医生,很抱歉这么晚来打扰你。

我的安眠药吃完了，怎么也睡不着觉，不知道你能不能给我找一些？"

靠吃安眠药维持睡眠的人大多是一些心理或生理上的病变，任重本想拒绝对方，但他看到老太太十分疲惫的脸庞，十分不忍心，这个时候，他突然灵机一动："医院里刚进了一批进口的特效安眠药，但我不知道放在什么地方了，您先回病房，一会儿我给您送过去。"

老太太走后，任重找出一粒维生素片，送到了老太太的房间，并告诉她："这就是那种进口的特效药，您吃了之后一定能睡个好觉。"

老太太接过药片，谢过任重后，高兴地服下了那粒"特效安眠药"。

第二天早晨，老太太兴奋地找到任重："昨晚的安眠药效果好极了，我吃完很快就睡着了，而且睡得很好，好久都没有这么舒服地睡觉了。"

任重用一粒维生素片就让老太太进入了梦乡，这也是心理暗示的作用，由于老太太对医生的信赖，因此丝毫没有怀疑"特效安眠药"的真实与否，在强烈的心理暗示的作用下，那粒维生素片竟然产生了同安眠药一样的效果。

积极的自我暗示，意味着自我激发，它是一种内在的火种，一种流动快捷的自我肯定；它可以使我们的心灵欢唱，建立自信，走向成功。自我暗示的方法很多，每个人遇到的压力不同，自我暗示的方法也不会相同。

你可以经常用一些诸如"我能行""我一定能渡过难关"之类的话语来激励自己，增加自信；你可以经常把自己推崇的伟人资料输入自己的大脑，用他们奋斗的精神来激励自己。

你可以保持强烈的欲望。若有很强的欲望，则会为了要实现的目标而付诸行动，纵使有障碍物，也绝不会改变最初目标。

设定预想的困难。事先把困难考虑到，当真的障碍物横亘面前时，便不会气馁、灰心，即使受到挫折，因为事先有心理准备，也不会轻易放弃。

决定终点线。量化目标，让自己经常品尝成功的喜悦，能有效地增强自信。

第十一章

心放宽：想得开放得下，脾气才会沉稳下来

经常进行积极自我暗示的人，在每一个困难和问题面前看到的都是机会和希望；而经常进行消极自我暗示的人，在每一个希望和机会面前看到的都是问题和困难。只要你能时常给予自己积极的心理暗示，美好的人生就不难成就。

第十二章
凡事不钻牛角尖,做世界上最"糊涂"的聪明人

生活中,我们总会被他人的行为激怒。做一个善于变通的人,做一个勇于改变的人,放弃原有的执拗,勇敢地接受新鲜事物,切勿钻牛角尖,走向死胡同。人活于世,不能一味较真,太执著会把关系搞砸,往往让自己身陷泥潭,搞不好就会伤筋动骨。郑板桥曾说过一句名言:人生难得糊涂。"难得糊涂"并不是糊里糊涂啥都不懂,而是一种人生态度,一种洞明世事的聪明抉择,是一种大彻大悟后的大智慧。

第十一章

凡事不钻牛角尖，做世界上最"糊涂"的聪明人

懂得变通，不要牺牲在牛角尖里

撞了南墙也不回头的人，不是执着，而是钻进了牛角尖里却不自知。人们常说"条条大路通罗马"，尤其是在当今这个瞬息万变的社会，墨守成规的结果往往是什么都做不成。有时候人生不必太过执着，多一点变通，让生活转个弯，反而会收获更多。

有些人行事过于倚重经验，诚然，经验能够帮助我们规避陷阱，少走弯路，但殊不知凡事都有两面性，一旦被过往的经验束缚了头脑，一旦被习惯性的思维关进了樊笼，那么经验也会成为导致我们失败的罪魁祸首。

做人做事不要太死板，在适当的时候要学会摒弃经验主义，具体问题具体分析，只有这样，我们才能在清醒的自控下找到通往成功的最短路径。

这几年，在当地政府的组织拉动下，高亚所在的乡镇开始进行苹果种植，由于当地紧靠高速，运输方便，因此吸引了不少人前来采购。

乡亲们一看来采购的人络绎不绝，而且价格也非常不错，于是一窝蜂地都种起了苹果树，连周围乡镇也刮起了一阵"苹果风"。高亚是最早一批种植苹果树的农户，依靠"苹果"也确实赚了不少钱，但令人不解的是，这年开春，他把好端端的苹果树全部清理掉，种上了柳树，此举一度成为当地的热点"八卦"新闻。

"别人都在忙着种苹果树，恨不得立马就能挂果收获，高亚这孩子是不是鬼迷心窍，居然把'摇钱树'砍了，种柳树，真不知道怎么想的。"

"好端端的苹果树真是可惜，要是我，肯定每天起早贪黑地管好果树，哪能舍得就这么砍掉，真是暴殄天物啊！"

"有钱不挣真是傻子一个，要我说，高亚这小子就是吃饱了撑的，他自己要砍树，不想挣钱，谁能拦得住。"

……

  高亚经常会听到这样或那样的风言风语，不过他从不为自己辩解，而是一笑而过。三年后，大家一窝蜂种植的苹果树终于迎来了收获，但并没有给乡亲们带来丰收的喜悦，由于苹果产出量增长了好几倍，采购价格变得非常低，价格低也比颗粒无收强，尽管不愿，但为了避免更大的损失，大多数人都选择了低价出售。

  当所有人都为出售苹果发愁的时候，高亚却在喜滋滋地迎接客户，原来他种植柳树是为了编织礼品筐。柳条编制的水果篮不仅独具特色，还十分雅致，只要装好水果简单一包装就是一个特色水果礼包，在各大超市、批发市场等，这种柳条编织的水果礼包非常受大众欢迎，再加上高亚的柳条筐在当地只此一家，因此不仅很快售空，还卖出了非常不错的价格。

  直到这时，人们才意识到，高亚当初砍掉苹果树不仅不是愚蠢的行为，反而是"懂得变通"的杰作。大家只知道种苹果赚钱，却没想到一窝蜂种植苹果只会压低价格，因为陷入了"种苹果赚钱"的牛角尖，一腔热血最后只变成了头破血流。

  世界上哪有可以一直走到黑的路？所谓"树挪死，人挪活"，要想获得成功，就必须要懂得变通，要尝试各种各样的道路以及方式，如果一味钻进了牛角尖，非要在一条不通的路上走下去，那么最终必然是南辕北辙，根本无法到达终点。可是，怎样才能让自己更懂得变通呢？

  （1）换个角度看问题。

  你百思不得其解的问题，站在旁观者的角度很可能只是小问题，所以当你迟迟找不到解决办法时，不妨换一个角度看问题，如此一来自然能够转换思维，找到新的突破口。

  （2）学会跳出惯性思维。

  惯性思维是导致我们钻进牛角尖的一个重要因素，如果不想被其束缚而失去变通的能力，那么从现在开始就尝试跳出惯性思维，比如有意识地用新办法解决问题，换一条路上班，去一家从未去过的餐馆

第十二章
凡事不钻牛角尖，做世界上最"糊涂"的聪明人

就餐等。

（3）辩证看问题。

所谓"尺有所短，寸有所长"，从哲学角度来讲，任何事物都具有正反两面性，如果不想钻进牛角尖，就要学会用辩证的眼光看待问题。学会从正反两方面，不同的角度、立场去思考问题，只有这样我们才能懂得变通的意义，才不会被思维滞留在原地。

退一步风平浪静，让三分海阔天空

生活中的矛盾和竞争不可避免：好朋友的背叛，同事的落井下石，同学的背后诽谤……面对他人的不友好，绝大多数人都难以保持冷静，我们或怒气冲冲地立即回击，或隐忍不发找机会小小报复一下，或事后自己一个人心情糟糕地默默吐槽。

一个善于自控的人，不会因旁人的态度和言行而失去冷静，他们会始终自持，从人生大格局的角度去看待问题，因此也更宽容，更愿意主动采取以德报怨、化敌为友的策略。所谓"塞翁失马焉知非福"，人生在世，不可太过于计较一时的得失成败，要得饶人处且饶人，哪怕是遇到再大的争端和矛盾，只要我们能宽容地"退一步""让三分"，那么结果往往会皆大欢喜。

大军是一个经营建筑材料的商人，商场从来都不缺少竞争对手，但令大军气愤的是，竞争对手竟然与自己销售区域内的建筑师和承包商来往密切。"这明摆着就是想挖我的客户，简直太过分了，这是赤裸裸的挑衅"，此外，竞争对手还四处败坏大军公司的名声，称其非常没有信誉，而且已经四面楚歌，陷入经营困境了。

面对咄咄逼人的竞争对手，大军又急又气，但又没有什么行之有效的办法可以阻止对方，心烦之下，他走进了教堂寻求心灵安慰，牧师听完大军的倾诉，平静地建议道，"要施恩给那些故意跟你为难的人"。

竞争对手如此过分，难道自己真的要退让三分？就是这个该死的竞

争对手抢走了好几个大订单，向对方示好，以德报怨真的能解决问题吗？

几天后，大军得知自己的一位老客户正需要一批建筑材料，但恰巧自己公司没有，竞争对手却有这种产品，要不要借此向对方示好呢？短暂的思考过后，大军最终还是拨通了竞争对手的电话，将这单生意介绍给了竞争对手。对方尴尬之余，说了不少感激的话，此后，双方的竞争关系，从"你死我活"逐渐演变成了"合作共赢"，两家公司产品相互补充，相互拉动，一起营销，大大提升了双方的销售业绩，大军自然也从中受益匪浅。

懂得退让、宽容的人，才能更好地领悟生命的真谛。从心理学角度来讲，斤斤计较的人更容易钻牛角尖，宽容与退让是健全人格的重要组成部分。一个拥有自控力的人，知道什么时候要退一步，知道什么时候需要让三分，这也正是他们为人处世的睿智之处。

在现实生活中，我们总是会遇到各种各样的摩擦和矛盾，究竟什么情况下需要退让，什么时候要坚持原则呢？要想做到进退有度，究竟要怎么做？

首先，要培养自己的格局思维。

即使你指责对方的理由非常充分，也会浪费自己的宝贵时间和精力，同时还会损害对方的荣誉感和自尊心，这样做只会令双方的关系更加糟糕。如果我们能够站在事情发展的全局看待这个问题，那么自然不会做出这样损人不利己的事情。

其次，让自己的心胸更宽广。

古今中外成大事者，无一不是心胸宽容、能忍能容之人。只有先学会宽容别人，才能懂得宽容自己，唯有学会退让，才能给自己留下更多的发展余地。人与人相处应当放轻松点，除了原则性问题，能不计较就不要计较，能不较真的就不要较真，所谓"水至清则无鱼"，难得糊涂才是最为明智的处世之道。

最后，放过别人等于成就自己。

人是社会性动物，不管做什么都离不开社会这个大集体，懂得退让的人，人缘更好，人脉更广，社交关系也更融洽。相反，那些"睚眦必报"的人则只会到处树敌，到了社交场上就会孤掌难鸣、寸步难行，自然难以成就大事。放过别人就等于成就自己，不管是工作还是生活都要保持一颗宽容之心，得饶人处且饶人。

有些事不必太在乎

一个人的生命是有限的，而尘世无比复杂纷纭，不可能也没必要事事都去一丝不苟。因此，郑板桥说："难得糊涂"。

对已经发生的不愉快的事情，例如婆媳口角、优伶争俏、小丑作场之类，要学会"不在乎一点"，懒得去理会，免得伤神劳气。不要再为一些小问题垂头丧气，对人要擅见其长，不拘泥小节；对事能总揽全局，不舍本逐末；在处理大是大非的问题上能够坚持原则，分清是非，顾全大局，头脑清醒，坚守道义，避恶从善，在无关紧要的小事则不作过多计较。多一点勇气，少一点憎恶，多一分热爱，不寸利必争，不小题大做，要任其自然。

史书记载，平定安史之乱有功的唐朝大臣郭子仪之子郭暧，娶了唐代宗李豫的女儿升平公主。

有一次，小夫妻发生口角，郭暧急不择言地说："你倚仗你父是天子吗？我父还嫌天子不作呢？"

听了这句大逆不道之言，公主哭着回宫告状。闻听此言，李豫劝女儿道："他父亲嫌天子不作是实情，若是不嫌，天下哪里还姓李！"

后来，面对负荆请罪的郭氏父子，李豫安慰道："俗话说，'不痴不聋，不作家翁。'小孩儿们闺房中拌嘴，哪里用得着听！"

唐代宗没有因为天子至亮耀眼的光环而晕眩，他以清醒的头脑想透了怎样处理这件事才算恰当，也正是如此唐代宗成为被后人称赞的皇帝。假若李豫不能"不在乎一点"，去追究郭暧的罪过，那么其结果就算丢不掉江山，也会失去爱婿，到头来还会伤了功臣的心。

曾经在报纸上登出了这样一件事：有一家面包店发现个别顾客有偷窃面包的现象，但是老板未加理会，并且一再要求员工善待每一位顾客，这令店里员工大为不解。孰料该店的生意日益兴盛起来，到了最后，把附近几家同行的生意也都抢了过来。这家面包店虽然吃了点小亏，却赚了大钱。

发现有人偷窃面包，就加以制止，可能会伤害他的自尊心。而得罪了一个顾客，就可能得罪一大批顾客。这就是"不必太在乎"的智慧。

在我们身边，无论同事、邻里之间，还是萍水相逢，不免会有些磨擦产生，如若斤斤计较，患得患失，结果会越想越气，伤害身体，激化矛盾。如果做到遇事"不在乎一点"，自然麻烦、恼火、损失就少得多。

为人处世上，事事精明至极难免神经过度紧张，时时棱角毕露难免损人伤己。眉毛胡子一把抓，其结果是拣了芝麻丢了西瓜。睚眦必报，其结果是使自己成为失道寡助的小人。

有位名叫伊吹卓的日本作家，一向认为自己很聪明，可是奋斗了半辈子，还是毫无建树。一气之下，发明傻瓜哲学，告诉人们：遇事要"不在乎一点"。这，实是大智若愚。它并不是真傻，而是大聪明。

聪明会让人成功，傻乎乎会让人觉得可爱，"不在乎一点"，就是将聪明和傻乎乎的优点合为一体。人活世上，只有百年。如果在小事上算计来算计去，就会浪费无比珍贵并且无法补回的时间。去为那些很快就会被所有的人忘了的小事烦恼，生命就太短促了。

坦然接纳自己的不完美

每个人的现实生活都不可能完美，非要拿着想象去和现实碰撞，和完美较真，是自寻烦恼。在《波士顿环球报》上曾经刊登过一篇哈佛教授对毕业生的寄语，其中一条是："不要过分追求完美，不要给自己不必要的压力。生活不只是工作、学习，它还有很多很多。"意即不必苛求完美。

第十二章

凡事不钻牛角尖，做世界上最"糊涂"的聪明人

歌德曾经说过："十全十美是上天的尺度，而要达到这种十全十美的尺度，则是人类的愿望。"这个世界本来就不是完美的，完美是人自己主观想象出来的，是美好的愿望，但终究不是现实。

在现实生活中，存在着一个很普遍的现象，那就是别人的永远是最好的。我们总是在羡慕别人的生活，喜欢欣赏别人的风景，对自己拥有的东西存在各种不满：或者认为自己长得不够漂亮，或者认为自己不够强壮，或者认为自己缺乏能力，或者认为自己不懂得人情世故……总之，总是不停地在苛责自己。

其实，每个人都不可能是完美的，不管你是多么伟大的人还是做出多么突出贡献的人，十全十美只是一个美丽的童话，生活的美丽正在于它的不完美，所以才会有很多东西等待我们去追求。

著名的雕像维纳斯虽然断了双臂，但她在人们心中却是极致的美神，曾经有很多的艺术家想使这件举世瞩目的艺术作品更加完善，尝试着复原维纳斯的双臂，但最后都不得不放弃了，因为无论他们把那两只手臂放在什么地方，都感觉不如缺失双臂的维纳斯美丽。

在我们的生活中，经常也会看到这样的人，他们追求完美，却始终还是存在缺陷，他们为此失落，为此痛苦。人有悲欢离合，月有阴晴圆缺，我们应该试着去欣赏自己的不完美，悦纳不完美的自己，这往往是我们领略到另一种美丽的契机。对此，一位哲人说过，羡慕别人所得到的，不如珍惜自己所拥有的。

苏格拉底是西方伟大的哲学家，我们都知道他的哲学理论在世界上享有盛名，却不知道他的奇丑长相和他的哲学理论一样在世界上享有盛名。苏格拉底并不介意别人会怎么看自己，并没有因为自己长得丑就躲在家里不敢见人，相反，他总是穿着褴褛的衣服去各种公众场合，甚至光着脚到处去演讲，去推广他的哲学理论，而丝毫没有一点自卑感。事实上，人们也并没有因为他的丑陋而嘲笑他，更不会因为他长得丑而否定他的智慧。他到哪里都可以成为公众的核心。

我们何不像苏格拉底一样试着接纳自己？与自己和解，让自己成为

自己的中心，按自己的方式生活，不要刻意追求他人的认可，保持自我本色，我们便可以活得很快乐、很轻松。

俗话说，"人贵有自知之明"。就是说，我们每个人都要对自己的素质、潜能、特长、缺陷和经验等各种要素有一个清楚的认识，对自己在社会工作和生活中所要扮演的角色有一个明确的定位。心理学上将这种有自知之明的能力称为"自觉"，一般包括能察觉自己的情绪对言行的影响，了解并准确评估自己的资质、能力和局限，相信自己的价值与能力等。

我们总是把眼光投到别人的身上，看到别人的优点，看到别人的成功，看到自己的却都是不完美之处。殊不知，我们的每个缺点背后都隐藏着优点，你身上那些连自己都不喜欢的特质，其实是你最宝贵的财富：好出风头是自信的表现；懒散说明你内心自由；胆小能让你躲过飞来横祸；贫穷能让你远离盗贼的魔掌。不完美也是生命的一部分，只有真心拥抱它，接纳它，我们才能活出完整的人生。

多一些果敢，少一些纠结

刘明轩是个很讨厌在课堂上回答问题的人。很多时候，他能明白老师的问题，大多时候也能够找出答案。但是他从来都不举手回答老师的问题。他的班主任发现了这个奇怪的现象，就问："刘明轩你为什么不喜欢在课堂上回答问题呢，你是不会回答还是觉得不相信自己？"刘明轩思考再三，这样回答老师："其实，我对自己没有自信，我想回答又害怕回答错误，本身比较纠结。"

老师告诉刘明轩，这是他本身缺乏果敢的一些表现，很多时候你处于比较纠结的状况，你想回答又害怕自己回答错误，因此，你必须学会在学习和生活的过程中培养自己果敢、坚毅的性格。只有这样，你才可以更加勇敢地去面对你的生活和工作，才会成为一个更加优秀的人，才能更好地去实现自己的任务和目标。

所谓果敢是指我们做事情敢作敢为，当机立断，不要纠结，在做

第十二章
凡事不钻牛角尖，做世界上最"糊涂"的聪明人

足充分的时间和准备后不给自己留迟疑的空间。想好就去做，想好就出发是果敢的代言词。而果敢不仅仅表现在语言上的果敢，包括轻松的语气，很少停顿和迟疑，待人真诚、清楚，愿意积极地寻求解决办法，也包括非语言的果敢，包括自由地表达自己的想法和观点，遇事放松的姿态，愿意倾听他人的意见和看法等方面。

果敢的态度不仅仅能帮助我们建立自信，减少我们走弯路的可能，也能够使我们心情愉悦，更好地享受人生的美好。而培养果敢的品格也并不是一日可以完成的。当然，如果你不清楚自己是否果敢，可以尝试问自己一些问题：你能够很好地表达自己的愤怒和不满等情绪吗？如果你和他人的想法或意见相左，你能够直言不讳地表达自己的不同观点吗？当你讨厌或者拒绝某件事情的时候，你会勇敢地对他人说"不"吗？如果这些问题你做不到，说明你不是一个特别果敢的人。

一个人如果没有坚毅果敢的意志，那么无论这个人的出身、财力、智慧、教育水平以及天赋都不能够发挥自己本身的作用。正因为人们的果敢与坚毅，探险者才能永攀喜马拉雅峰。假使你既不是一个很优秀的人，智商一般，但你是一个勇敢坚毅的人，这样的你也会成为一个成功的人，也会成为一个优秀的人。性格中任何品质都代替不了坚毅果敢对事情的影响和作用。

实际上，正如攀登喜马拉雅峰一样，许多人最初都是凭着满腔热血去完成这一光荣而神圣的任务，但是却只有少数人能够坚持到底。我们承认攀登需要心理身体素质等各种因素，但是如果两个同样身心素质的人，坚毅的人更容易登上山顶。对他们而言，失败并不可怕，战胜自己才更重要。当他们遭遇人生的挫折，并因此而失去一些东西时，他们不纠结，不徘徊，下定决心勇敢地走下去。

在坚毅果敢的人看来，失误、失足并不可怕，失败也并不可怕，可怕的是自己不知该如何面对，该如何掌握船的舵手。当他们面临的情况越使人绝望，越让人担心，他们不会给自己留下纠结的时间，而是不断地告诉自己，我一定可以的。也正是因为他们的坚毅激发起内心的顽强

斗志并唤起他们内心积蓄已久的力量，使得这些智者从头再来并坚决地获得终极胜利。这就解释了为什么有些白手起家和事业者在企业遭遇危机或者濒临破产后，仍能够振奋心情，东山再起的原因。

任何一名成功者也许缺少其他的能力和素质，但是绝不缺乏果敢坚毅的意志。纵观中国历史上的风云人物，哪一位有成就的人不都是在时机成熟下，凭借自身的坚毅果敢成就一番素质的。正是因为秦始皇的坚毅，才建立了历史上第一个大一统的王朝；正是因为林则徐的坚毅，虎门销烟才得以成功进行，彰显了中华民族的自尊和自信；正是因为一代伟人的坚毅，才有了新中国，才有了今天繁荣昌盛的中国。

作为一名普普通通的我们，又该如何在现有阶段不断培养自己果敢的品质呢？

（1）坦然接受自己的纠结，找出纠结的真正原因。

很多人喜欢逃避，不喜欢坦然地面对和接受自己的问题。刘明轩就是这样，他其实早都知道自己存在的问题，但是却并没有做出任何实质性的改变和努力。假如老师没有发现他的问题，他又会怎样呢？学习成绩高不成、低不就，慢慢地没有了自信，失去对学习的兴趣，这样的后果是难以想象的。

因此，对于我们每个人而言，当你发现自己不能够很好地表达自己的思想和观点，当你不敢下定决心去做一件事情时，你就需要重新去审查和认识自己。你要学会给自己心理测评，和自己的心交谈，问问自己为什么不敢这样去做，找出自己纠结的真正原因，紧接着采取下一步的行动，而不是发现问题畏畏缩缩，不去解决，只等着他人的帮助。

（2）明白纠结的真正原因后，就开始做一些改变，培养自己的果敢的品质吧。

第一，你需要多与周围成功的人、优秀的人接触，学习他们看事、做事的态度和方法。多与他们进行沟通，学习他们看待事情、想问题的角度，在潜移默化中先从心理上接受这些对你而言"新生"的事物。

第二，多与自己对话。你可以想象自己正与他人下棋，当你想好怎

第十二章
凡事不钻牛角尖，做世界上最"糊涂"的聪明人

样走一步棋时，就一定要告诉自己，这一步棋就是你自己所做的决定，走了这一步之后就没有后悔和纠结的时间了。如果这盘棋你成功了，那说明你已经在有意识地培养自己的性格了，慢慢地你会成为一个坚毅果敢的人；如果输了，也不需要自责，因为这是你自己的选择。吃一堑，长一智，提醒自己，下次一定要做得更好。

最后，培养果敢是需要我们不断磨炼的，好事多磨。和过去那个不果敢不坚毅的你说再见，允许自己犯错，敢于犯错。这些对你而言都不是什么大不了的事情，相反你要学会敢于面对自己的错误，汲取教训，勇敢地面对。任何品格的形成都是需要我们的耐心的，果敢也是如此。

每个人都渴望成功，渴望改变性格中存在的问题，却不知该如何扬帆起航；每一个人都会纠结，都会自我矛盾，不知该如何选择，如何实现自己人生的理想；每一个人都会有小小的不果断，面对事情迟迟不敢去做。这些对你而言都不是什么问题，你需要做的则是整理自己的心情，为自己找一张白纸，不断地描绘图画，开始果敢的历程。

我们都只是大千世界里小小的一员，成不了巨星，却可以成为自己心目中的明星。从今天起，多些果敢，少些纠结。

第十三章
没有过不去的事儿,只有过不去的心坎儿

每个人的一生都像是一片天空,有时阳光明媚,有时狂风暴雨,有时阴霾重重,有时烈日炎炎。天空不会总是有阳光,人生也是一样,一次次的磕磕绊绊像是暴风骤雨,种种磨难好似电闪雷鸣。为了迈过那些坎坷,拥抱灿烂的未来,我们所需要的,除了勇敢与坚韧,还需要一颗平常心。

第十三章
没有过不去的事儿，只有过不去的心坎儿

不刻薄，心平气和方能"人淡如菊"

在现实生活中，很多人为了凸显自己的优势，总会用刻薄的语言来讽刺别人，通过贬低别人来拔高自己。殊不知，这种刻薄的形象反倒让人厌恶十足。有人说，刻薄可能源于个人能力的不足，也可能源于心胸狭窄。其实，这二者都有可能，刻薄的人就如同一颗毒药，让人避之不及。

刻薄的人做事总喜欢挑剔，特别喜欢用恶毒的语言来压制别人。一旦看到别人有所成就，便用尖酸刻薄的言语打击别人，仿佛这样能让自己稍胜一筹，满足自己近乎变态的胜利感。

张娜长得颇有几分姿色，身材也十分出众，平日里更是注重穿衣打扮，同事们都送她一个外号叫"小妖精"。张娜听了这个外号，觉得十分得意，自己不仅有美丽妖娆的外表，更有一副悦耳的嗓音，浑身上下更是散发着一股妖媚的气息。说到这，大家觉得这么优秀的张娜一定有很多好朋友吧，但事实并非如此。

张娜虽然嗓音动听，但说出来的话不那么悦耳，她总是喜欢把嗓音提高八个度，转换成尖锐刺耳的噪音再加上尖酸刻薄的语言对周围的人展开攻击。关于张娜的"丑闻"早已在公司内部传开了，前几天张娜还和同事小陆争吵了一番。

小陆和男朋友都是公司的员工，眼看着房价一天天猛涨，小陆狠下心来和男朋友按揭买了一套房子。这套房最大的优点就是地段好，生活设施配套齐全，离上班的地方也近。但最大的缺点就是紧靠公路，噪声非常大。但毕竟有了自己的一套房子，小陆的内心还是非常高兴的。同事们知道他们两个人买了房，都纷纷道贺。但这个事情落在张娜的耳中，却全变了味道。她当着众人的面说道："哟，就这样的房子也值得你们高兴成这样，噪声大，休息不好，时间久了恐怕就得过劳死了。"一句话，把大家说得都愣在了那里，小陆一脸不满地和她争论起来。

有一次，张娜的邻居穿了老公出差时买给她的新衣服出门，周围的邻居都夸她好福气，有个体贴的老公。但张娜碰见了，却带着嘲笑的口气说道："这衣服也不怎么样啊，不会是你老公外面的小三穿剩下的吧。"走在大街上，张娜碰上了大学时的同学，看到她背着新款的皮包便上前寒暄："天哪，你怎么买这种假冒的皮包啊，真是没眼光，想我可都是买正品皮包的，这才有品位呢。"张娜说话从不注意分寸和尺度，一张刻薄的嘴把身边所有的人几乎都得罪了，自己却还浑然不知。渐渐地，谁也不愿意跟她再打交道了。

一个人总是对自己宽容，对别人刻薄，那么他的下场必定是凄凉的。没有包容、欣赏的心，这样的心是孤寂的。刻薄的女人往往浮躁、脆弱、不安，在她们的世界里早已是暗淡无光，毫无柳绿花红。刻薄的人就如同林黛玉一般，只能在葬花中了结自己孤寂的一生。

很多人都说自己不喜欢林黛玉，更喜欢薛宝钗，这是有原因的。林黛玉总是远远地看着周围的人群，嘴边总是挂着不屑的笑容看着红尘俗世，然后用最刻薄的语言来描述周围的一切。刻薄的语言容易让人产生距离，感到阴冷，带来尴尬。其实，林黛玉的内心一定是孤寂的，她太渴望得到别人的注意和关怀，因而剑走偏锋，只能用刻薄的言语来吸引他人的注意。刻薄的人是可怜的，他们经常干着损人不利己的事情。在每个孤独的夜晚只能守着空床，感受着无尽的孤独寒冷的夜晚。

别给自己第二次犯错的机会

古希腊哲学家赫拉克利特有一句名言"人不可能两次踏进同一条河流"。这句话的意思是说，一切事物都处在不断的变化和发展之中，当你第二次踏进同一条河流的时候，它已经不是你第一次踏进的河流了。因为水在不断地变化和流动之中，现在你脚下的水已经不是你第一次踏进河流的水了，原来的水也已经流走了。赫拉克利特用这句话来说明事情是不断变化发展的，人对待事情的态度也应如此。

第十三章

没有过不去的事儿，只有过不去的心坎儿

既然人不可能两次踏进同一条河流，那么我们也应该有这样一种意识，人不应该两次在同一个地方犯错，每个人都尽量不要给自己第二次犯错的机会。如果一味地允许自己犯错，一味地给自己留下犯错的机会，告诉自己下次绝对不这样了，那么这样的我们终究会成不了什么大事。

小 A 是新闻工作室采编部门的编辑，她说新闻采编工作要求的就是要准确无误，因为这会涉及到新闻的真实客观性，一个字的错误就会引发一些大的问题。她起初工作时也犯过一次错误，后来她做事情千叮咛万嘱咐自己，千万不要犯错，否则会出一些不堪设想的后果。

那时，小 A 大学毕业后第一天来工作室工作，进行新闻的采编工作。作为一名在大学期间就有多次采编的经验的她，觉得自己肯定没有问题，便欣然地接受了公司的任务。

文字的工作量很大，采编时小 A 头昏脑胀，忙了一个工作日。为了避免出错，晚上还加班来看新闻稿，她一再叮嘱自己不要犯错，可还是在一个字的使用上犯了一个小错误。这是她第一次正式以采编身份出现之后的第一篇稿子，虽然稿子离播报的时间还有一天时间，上司在看到新闻时也并没有表现出不愉悦的表情。但是，对于小 A 来说，这确实是一次致命的错误，采编的新闻竟然会在一个字上犯错误。

对于一向苛刻要求自己的小 A 来说，她的心里很难过，但是她觉得说什么也无济于事。老板也告诉她，希望她不要再犯第二次同样的错误，否则就自请离职。有了这次经历的她，无论做什么工作，都能严格地要求自己，校对的稿子也能够反复推敲，查阅再三。现在的她不断突破，超越自己，她永远地谨记第一次犯过的错误，并不断地提醒自己。现在的她已经是新闻工作室的副主编。她相信有一天，自己会在采编这一行业做出出色的成就。

小人非圣贤，孰能无过，一个人最大的错误不是犯错，而是在同样的地方跌倒两次，犯了同样的错误。第一次犯错误有情可原，但是第二次犯错就是你自己不知道汲取教训的原因了。一个人应该学会审视自己，犯错之后要找出犯错的原因，看看自己犯错的原因究竟在哪里，然后在以后的工作中不断提醒自己,千万不要再在同样的地方跌倒。只有这样的心态,你才能足够优秀。这并不是说我们要求自己太苛刻,而这是一种优秀的性格和品质,是一种帮助我们成长的良药。

走向成功的道路是曲折坎坷的,每个人都应该学会不要太过纵容自己。任何一种纵容的存在,都在给我们传递着一种信息。你可能会说,我犯错怎么了,我还很年轻,未来的路还很长,我有的是时间去改变自己。但是你却不知道,你这样无疑是在告诉自己,成功对你而言都是无所谓的事情。等到你周围的朋友都有了属于自己的成功后,你才后悔自己为什么一直给自己犯错的机会,而不能严格地要求自己。

如何要求自己,不给自己留第二次犯错的机会对于我们的成功起着关键性的作用。也许你可能在想有再一再二,绝对不会有再三再四。那些优秀的企业家和成功者都会犯错,而他们之所以能够有巨大的成功不是因为他们杜绝自己的错误,而是不在同一个地方犯同样的错误。所谓吃一堑长一智就是这个道理。在他们看来,你在同一个地方摔倒两次是愚蠢的。

你应该做的就是牢记自己的错误,时刻叮嘱自己,不给自己犯错的机会和时间。

从现在起,多反思,不给自己留第二次犯错的机会。每个人在人生的道路上犯或多或少或大或小的错误,这些都是可以原谅的,第一次犯错要大方地对自己说,勇敢地接受自己的错误。我们不是完美的人,我们不奢求自己在他人心中多么优秀,我们只是一个简简单单平凡的自己。我们要做的是学会在错误中反思自己,看看自己为什么犯错,为什么其他人就不会有这样的错误。对于犯错的原因,你需要站在客观冷静的角度对于自己各方面的能力予以评价,同时也不要忽略任何外在的客观原因。

从现在起,尝试改变自己,改变自己的状况。在了解自己犯错的主客观原因之后,尝试对自己周围的环境做出适当的改变。如果客观环境无法改变,那么你要学会的就是适应环境,改变自己。你需要尝试去学会适应这个纷繁复杂的社会环境，改变自己的心态，千万不要怨天尤人，觉得整个世界都亏欠了你。你需要告诉自己的内心，坦然地学会接受，坦然地学会改变，只有你勇敢地迈出了第一步，你才会在循序渐进中有新的突破，迎接一个崭新的自己。

从现在起，与过去的错误说再见，给自己一把锁。当你静下心来，尝试打开封存的记忆，回忆之前犯过的错误，并告诉自己这些都没什么大不了，但是你必须学会勇敢地承担，学会勇敢地面对，告诉自己，我永远不想打开过去的错误。有一天，当你回想过往，再看看之前的你，你会觉得原来勇敢是件最好的事情，你勇敢自信，果敢坚强，正是你想要的生活。

你不是圣人，你也会犯错。优秀的人也会犯错，但是他们学会了勇于承担，敢于接受，并且付诸实践，不给自己犯错的机会。而你更应该这样，在不断摸索中寻找自己，做出改变，给自己一段升值期，为自己画一幅光明的未来与希望。

打开错误的大门，牢记曾经的错误，恰当的时机封锁错误的大门，为自己，以及未来。

认真做事，不急于要结果

有一个很奇怪的现象，越是在发达的大城市，人们走路的频率和速度就越快。你经常可以看到身穿正装的男男女女手里拿着一杯咖啡或者一个汉堡，面无表情，行色匆匆地从你的身边走过，你们的眼神不会有任何的交流。这是时代的产物，世界在快速发展，任何停滞不前的行为都会让自己被时代淘汰。

这样的生活节奏，催促着人们去努力工作，去创新，但是同时它也带来一个普遍的问题。人们在快节奏中变得浮躁、焦虑，对任何事情都失去了耐心，凡事都要立刻有结果。这样的性格，并不利于个人的发展，也不是一个成功之人应有的状态。

我们的身边经常会遇到这么一类人，他们做事风风火火，看似效率很高，但是实际上却是行事不过脑子，喜欢凡事就说，捕风追影，做事情不踏实、不认真。这样的性格，多半会毁了自己的前程。因为短期内也许你的行为还能够获得他人的称赞，但是时间长了，人们就会发现你根本没有真本事，你只会搞砸事情。

历史上因为浮躁、追求速度而身败名裂的例子比比皆是。二战时期的法西斯首领希特勒，他做事只凭自己的感觉，他的自信变成了自负，认为日耳曼民族是最优等的民族，狂热的军国主义、纳粹主义思想推动着他发起一次又一次的战争。结果在没有充分的考虑实际情况的前提下，德军在苏联战场上溃败，最后，希特勒和自己的妻子自杀于防空洞中。

西方有句谚语，"要使其灭亡，先让其疯狂"。一个人在冒进、浮躁的状态下做的任何事情都经不起逻辑的推理和实践的检验。浮躁，让人看不清事实的真相。

凡事只注重结果，盲目追求效率的浮躁性格，可谓是当今社会的常见病。人们往往为获得及时的心理满足而缺乏脚踏实地奋斗的耐心，盲目地追随大流而丧失了独立思考判断的能力。

浮躁的性格就像是一位隐形杀手，对人有很多危害。市场经济的洪流下，是人的虚荣心和对功名利禄的追逐在驱使人的行动。急功近利，不切实际，迫切地想要得到结果，这样的心态使得自己忘记了实际情况，过高的估量，甚至当看到有人比自己优秀时就会产生羡慕又嫉妒的心理。而当自己有了点成就时，又会沾沾自喜，忘乎所以。浮躁的心，就是一种侥幸的心理状态，妄想能够一步登天，殊不知这只会造成后患无穷。

而个人浮躁的性格还会给整个社会带来严重的后果。因为如果每一个人都不讲究实际，都急功近利，不脚踏实地地工作，那么必然会做出一些劳民伤财的形象工程。只有认真、踏实的个性，才能够经得起实践的检验，时间的考量，最后帮助你走上人生巅峰。

无论从事什么职业，认真是前提。没有认真的工作态度，就不可能

第十二章

没有过不去的事儿，只有过不去的心坎儿

有高质量的工作效果。渴望成功的心理可以理解，但是人要明白一点，世界上没有免费的午餐，天上不会掉馅饼，成就一番事业没有我们想象中的那么容易。正所谓心急吃不了热豆腐，罗马不是一天建成的，做事情切忌急于求成。

农民在秋天收获粮食，那是因为他们在春天就要开始犁地、耕种，夏天还要施肥、除草、浇水，没有之前的付出，绝不会有金秋的硕果。任何一种成就的获得都要经过艰苦的磨炼。梅花香自苦寒来，宝剑锋从磨砺出。凡事欲速则不达，拔苗助长只能适得其反。

钓鱼是一件极其需要耐心和全神贯注的事情。曾经有一个年轻人和一位老人一同在河边钓鱼。过了一段时间，老人的鱼篓里装满了银光闪闪的鱼，而年轻人却一无所获。年轻人按捺不住内心的好奇，疑惑不解地去问老人原因。老人笑了笑，说："你们这些年轻人，就是心浮气躁，这鱼儿也是有灵性的，它们知道你们没有耐心，情绪不稳定，所以不上钩。而我在钓鱼的时候，就专心致志地想着钓鱼，手中的鱼竿一动不动，基本达到了忘我的地步。这钓鱼本来就没什么技巧可言，比的不过就是谁更有专注认真。所以这鱼儿意识不到我们的存在，自然就乖乖地上钩了。"

钓鱼看上去只是一个个人爱好问题，实际它还蕴含着深刻的道理。浮躁是年轻人的通病，甚至会传染。一个人30岁之前，毛毛躁躁还有情可原，你有时间和精力去折腾。但是过了而立之年之后，你就要学会对自己负责，对家人负责，不能够再这么浮躁，如果你还是一事无成，那就不能怨天尤人，只能说明是你的性格不够沉稳，做事不够踏实认真。

若想在职场上步步高升，就要踏踏实实，认真工作，不得焦躁。如何做到这一点，你可以从以下这几个方面着手。

当你初入职场时，要坦然接受暂时的平凡，在平凡的岗位上兢兢业业，不要小看任何一个职位，没有农民工就没有高楼大厦，只有弯得下腰，才能结得出硕果。

再有就是要有踏实的工作态度，无论是身处高位，还是位于基层，

都要有勤勉的态度。"登高必自卑,行远必自迩",任何成功的达成都是来自一步一个坚实的脚印。

修炼惊人的逆境情商

逆境总是与人生相随。成果未得,先尝苦果;壮志未酬,先遭失败,这样的情况在生活中比比皆是。一个人追求的目标越高,就越能敏锐地感受到逆境的存在。先哲说:"所有的危机中,都藏匿着解决问题的关键。"人生的挫折和苦难中都蕴含着成长和发展的种子。然而,能够发现这颗种子的人并不多,所以,世上多是平平庸庸之辈。

不堪一击的花朵出自温室,高可参天的大树来自险峰。平静的池塘培养不出优秀的水手。绝对笔直而又平坦的人生路是不存在的,恶劣的环境或危险的强敌,会让人们时刻准备着迎接挑战,会让人们在奋力拼杀中闯出一条血路。无数伟人正是在困境和挫折中锻炼出自己的勇气和胆识的。

在顺境中,我们往往会过度沉溺于安逸,不会自我反省,缺乏进取之心,庸庸碌碌过着无趣的人生;而逆境中,为了摆脱痛苦和烦恼,我们会经常反思得失、总结经验,从而抓到真正的幸福和欢乐的机会。渴望成功的年轻人,在经历多次失败之后,才会变得意志坚强和具备圆满的人格;追求超越的公司,在经历多次危机后,才能具备良好的抗压能力。逆境给予我们的只是苦难,还有意志、耐力、勇气、乐观以及看淡得失的豁达心胸。

对于一副雄浑的风景画来说,它的精妙之处不在于波澜壮阔,不在于姹紫嫣红,往往是不经意的一笔,就有鬼斧神工、画龙点睛之妙。逆境就是人生路上这不经意的一笔。它看似多余,让你厌恶,让你不知所措,但是人生的真正意义就在于此。挫折能激发人的潜能,增强其韧性和解决问题的能力,能让人格在对抗苦难时不断完善。

诺曼毕业于一所普通的大学,在学校时功课和社会实践成绩都不出

第十三章
没有过不去的事儿，只有过不去的心坎儿

众但是在最后的招聘会上，他却被一家世界五百强企业录用了。校学生报派记者采访了这家企业的招聘负责人，负责人说："诺曼同学的表现非常出色，他几乎做到了我们所有的要求，我们的企业就是需要这样的员工。"

校学生报的记者非常奇怪，就去找诺曼寻求答案："诺曼同学，恕我直言，你平时学习成绩并不出众，也不太喜欢参加社会实践和集体活动，为什么在这次招聘会上就能被世界五百强企业录用，并给予你非常高的评价呢？"

诺曼思考了一会儿，说："这大概要归功于我之前在应聘上遇到的挫折。"

原来，在诺曼毕业前的半年时间里，他就开始四处应聘了。因为，他认为自己不优秀，要想有一份好的工作，就必须笨鸟先飞。他没有社会经验，成绩形象都不出众，在这半年的时间里，他一直处在逆境中。最初，他的表现糟糕至极。脾气好的面试官会耐心地给他提出一些可行的建议，脾气差的面试官就直接恶语相向。每次面试完之后，他都会分析原因，记录得失。

半年来，他参加了一百多场面试，几乎每天都在四处奔波，而那本厚厚的面试记录本成了他宝贵的财富。他把一百次应聘的经验融会贯通，在这次学校招聘会上表现出了很高的情商和素养，得到了面试官的肯定。诺曼说："我们每个人都害怕逆境，有时候逆境给予我们的要比顺境给予我们的多很多。"

真正让我们热爱生命的不是阳光，而是死神；真正让万物生长的不是风和日丽、天高云淡，而是严寒酷暑；真正逼迫我们坚持到最后的，不是亲朋好友的支持，而是来自于对手的压力；真正能促使我们成功的力量，往往聚积于竞争之中；真正促使我们奋勇拼搏的不是优越的条件，而是人生路上遭遇的打击和挫折。

行进于人生漫漫的旅程，有绿洲也有沙漠，有平川也有险峰。不要试图躲避逆境，也不要害怕苦难来敲门，逆境给予你的正如严寒给予梅

花的、磨砺给予宝剑的，是坚韧的品质、豁达的心胸、无谓的勇气等人生用之不竭的精神财富。

没有人能使你不快乐，除了你自己

快乐到底是一种什么样的情绪状态？快乐到底从哪里来呢？有人认为，快乐是别人给予的。也就是说，如果没有别人配合，自己找不到快乐的理由和方式，甚至别人的一举一动都会影响到自己的情绪。

但也有人认为，快乐是由自己决定的，不会因为别人的一言一行就变得喜怒无常，快乐应该是自己的事情。即便遇到困难，只要心理状态好，依然可以不伤心、不生气，绝对不会因为外界某些东西变得情绪低落。

事实上，快乐应该是多方面因素引起的，但是最后起决定作用的只能是自己。也就是说，作为一个独立的人，应该有自己的想法，有自己的情绪状态，不能因为外界的变化，轻易变得喜怒无常。

所有人都不明白，为什么爱丽丝总是每天笑容满面，就好像泡在蜜里一样。她似乎从小到大都不知道什么是伤心，即便被上司批评，也总是笑着接受。凭借这一点，爱丽丝在公司有很好的人缘。

只有好友安娜清楚，爱丽丝是一个经历过很多苦难的人，并非大家看到的那样坚强。其实，爱丽丝也是一个感性的女孩，也有一颗脆弱的心灵。但是，她遇事的时候选择积极面对，用快乐的心情迎接一切苦难，才会笑脸示人。

一年前，爱丽丝被男朋友骗走了身上所有的钱，孤身一人到另一个城市打工。后来，父母离异，她还要往家里寄钱，供弟弟上学。在背地里，爱丽丝也会偷偷地流泪，但是她总是告诉自己，生活对自己还算公平。

虽然被男朋友骗了钱，但是她认清楚了一个人，没有与他相伴一生，这是多大的幸运啊！孤身一人到异地打工，能遇到那么多热心的同事，自己又多了许多朋友。父母虽然离异，但是至少都身体健康，可以随时与他们见面。虽然还要寄钱养家，但是弟弟很懂事，学习成绩很好，生

第十三章
没有过不去的事儿，只有过不去的心坎儿

活还是充满了希望。

在挫折和打击面前，爱丽丝选择了勇敢面对，所以她收获了满足、快乐。她感谢上帝对自己的考验和恩赐，也把这种好情绪传递给身边每个人，让大家受益良多。

没有人能使你变得不快乐，除了自己。如果内心快乐，即便外面刮风下雨，电闪雷鸣，也会觉得是大自然的杰作，令人赏心悦目。反之，如果自己不快乐，即便春暖花开，鸳鸯戏水，依然是一片伤心。

生活中是否与快乐为伴，完全取决于你对周围人和事的看法。一个人的态度决定了他能达到的高度：如果你认为自己摆脱不了贫穷，那么一生将会在穷困潦倒中度过；如果你认为贫穷是可以改变的，就能通过不懈努力过上富足的生活。

人的一生不可能万事顺利，难免遇到暂时的挫折和委屈。无论面对怎样的困难或病痛，我们都应当以乐观积极的态度去面对，微笑着迎接生活中的每一天。以乐观的态度面对这个世界，你的生活就会充满阳光。

第十四章

万事随缘不计较：学会面对，一念放下万般自在

我们生活中的许多烦恼都源于得与失的矛盾。计较越少，脾气越好。所以，面对得与失、顺与逆、成与败、荣与辱，要坦然待之，凡事重要的是过程，对结果要顺其自然，不必斤斤计较、耿耿于怀，否则只会让自己活得太累。

第十四章
万事随缘不计较：学会面对，一念放下万般自在

不苛求不强求，一切随缘

佛说："一切随缘！"若是有缘，时间、空间都不是距离。若是无缘，终是相聚也无法会意。凡事不必太在意，更不需去强求。世间万物皆幻象，一切随缘生而生，随缘灭而灭。就让一切随缘吧！

缘是一种很难说得清楚的东西，是怎样的缘分指引我们走过岁月的千山万水。在生命的际遇里相识相知，人的一生该有多少意想不到的邂逅和机缘啊！其实关于缘分，我们说不出什么，它像快乐和幸福一样，是一个抽象的概念，我们无从解释，更解释不了。

缘来了，缘散了，留下一些美好也留下一些遗憾，在记忆的天空里像一朵淡淡的云，在时光的河流里抹一丝若有若无的痕迹。

我们每一个人都要做一个相信缘分的人，缘来时坦然地接受，缘去时也不强留，于是我们便会在这个顺其自然的心境里寻到一份难得的淡然和恬静。因为我们清楚地知道万事皆随缘而来，又因缘而去，正所谓不要苛求和挽留，人生在世，万事随缘；缘来，不狂喜；缘去，不悲泣。

其实，生命中有很多无法解释的东西，因为无法解释，也就充满了无限玄机，给人以无限的遐思。世间的事仿佛早已安排好了一样，你在生命的驿站遇见哪些人，碰见哪些事，像命运早已设计好了的情节似的，仿佛冥冥之中早已有定数。

现实生活中，如若你做到不苛求不强求，一切随缘，那么，你会收获别样的美好！

缘分像一个网，将人的万千情怀，一网打尽。命中有时终须有，命里无时莫强求，学会淡然地看待一切，以平静的心态接受生活公平的或者不公平的待遇，接受生活随心或不随心的安排。没有爱情你还有友情，没有了友情你还有亲情，没有了亲情你还有生命，命运垂青于任何一个经得起考验的人，人间的真情会在你孤立无助的时候释放光彩。

世间的一切情缘在聚散中谱写几多悲欢几多愁,离离合合本是生命中按捺不住的跳动音符,又何必泪湿衣襟。在分别的时候,又何必苦强求,正如生命中的每一个故事,是你的就是你的,不是你的终归不属于你。万事随缘,错过的就让它错过,该来的还要冷静的面对,珍惜你现在所拥有的。最好顺其自然,如果它微笑着翩翩而至,来到你的身边,它会永远属于你,如果它无意降临,你又何必死抓住不放,那么就请潇洒地松手。过多的在意和企盼充其量只是一种无望的负担。

伊在五十多年前生于清水镇,出生不久便承嗣给叔父,后随父母移居到丰原。伊是一个聪明安静的孩子,从小喜欢一个人静静地沉思:人从哪里来?死了又将到何处去?在这生死之间的茫茫几十载,人又是为了什么而活着。

在伊十六岁时,他的妈妈罹患心脏病,病情十分严重,需要手术。然而,在医学尚不发达的当时,动手术是非常危险的。伊从小就十分孝顺,小小年纪便每天向观世音菩萨祷告,祈祷菩萨可以帮助自己的母亲顺利渡过难关,战胜病魔。也许是他太过虔诚,被菩萨感动,伊的母亲术后恢复正常,奇迹般地好了起来,伊对菩萨心存感激,便开始更加虔诚地信奉,开始斋荤吃素。年龄尚小的他,对于佛法并没有深悟,只是出于一片纯洁的孝心。

不幸的是,十年后的一天,伊的父亲突患脑出血撒手人寰,如晴天霹雳一般,这令当时年轻的伊难以接受和理解,他一度难过不能自已。这时他渐渐地发现,人的生死真的不是个人能把握和确定的,生命脆弱,缘很无常啊!

此时的他已经对于佛法有了深一层的领悟,他也想皈依佛门,去寻找生命的答案,去探看一切无常的谜底!三十岁那年,春夏之交,伊经过寺庙旁的稻田,便加入了大家的劳作中,与大家畅谈人生和理想。看到稻子在风中自由摇曳,禅师们讲着因缘的故事给他听,此时他觉得世界就在自己的心里,一切天机了然于胸间。天色已晚,到分别的时候,一位上了年纪的禅师问道:"伊,要不要随我们一起走?"伊对禅师的

第十四章

万事随缘不计较：学会面对，一念放下万般自在

问题毫不惊讶，淡然地答道："好，现在就走！"另一位禅师又问道："没有什么可担忧的了吗？""没有了担忧，一切已看淡。"伊看了看远方，从容地答道。

出发到了车站，禅师问道："往哪里走？向北还是向南？""哪里的车先来就往哪里走，一切随缘吧！"伊安详地说："车的方向便决定了自己以后的路，一路的追寻也会有个美好的答案。"伊好比一株蒲公英，随风散落于大地，留下了自己的身影。

伊在生命中选择了佛门，选择了一切随缘，他随缘的选择也会让他的人生充满着意想不到的缘。缘就是这么奇妙，该来时不请自来，等到缘尽时便也会自己消失，不苛求不强求，随缘才是好选择。

生命如潮涨潮落，时光的流水终要带来些什么也带走些什么，带来的欣然接受，带走的不做无谓的挽留。学会在自己的情绪里寻求解脱，只要你愿意，你也可以对天边的流云说一声"再见"，也可以潇洒地把一切恩怨化作岁月的云烟，于前行里轻松地追逐梦想和信念，只要能坦然面对人生的得失，又何必在乎缘分的深浅和长短？

计较得太多就成了一种羁绊，迷失得太久便成了一种负担。不必太在意，拥有时珍惜，失去后不说遗憾；过多地在乎，将人生的乐趣减半，看淡了一切也就多了生命的释然。

有缘无份，或有份无缘，都只不过是生命中一段不圆满的缺憾，它不应成为你人生征途上走不出的困惑和茫然。只是世间总有那么多的人执迷不悟，缘来的时候不知如何面对，缘去的时候才开始追悔和抱怨，所以得不到心爱的人便疯狂地报复和记恨。在错过的友情里消融激情和意志，以至于被无穷的愁情烦事所累，失去了活着的乐趣，在痛苦的深渊里无力自拔，日子过得黯淡而苍白。

何必如此呢？漫漫的寒夜终会过去，怀揣一份轻松和坦然，生活便会少一些烦恼和忧愁，该珍惜的就珍惜，该放手时就放手，如果将一切都看淡了，那么人世间也就没有什么可以让你耿耿于怀的事了。

不可求不强求，一切随缘，这是我们恬淡生活的态度！

别苛求自己，你不可能让所有人满意

生活中总是有一些喜欢品头论足、好为人师的家伙。你穿了一件新款式的衣服，他说面料太差了；你没日没夜地辛苦工作，他说你是故意做给上司看；你设计了一个新的产品创意，他说好像在哪里见过……

这时候，你的内心难免会因此感到气愤。但千万不要真生气，你的愤怒只会让那些喜欢品头论足的人更加兴奋。

人最大的弱点，就是太看重别人的看法和反应，这难免会让自己的情绪因别人的评价而波动，对于别人的话，你就会未加思索便欣然接受。而一旦你接受了别人的观念，就会顾虑重重，将本来挺简单的事情搞得复杂化了。

张晓亮是一个缺乏主见的人，做事的时候常常畏首畏尾，拿不定主意。他大学毕业的时候，应聘到一家商贸公司做销售。

没想到，上班第二天，张晓亮遇到一个尴尬的问题。他刚冲进电梯，就发现后面站着的正是昨天刚见过的公司副总——人力资源部的主管，他开始犹豫要不要回过头打招呼。可是，他又觉得自己这样做显得太巴结了。况且，人家不一定能记住自己，还得当着电梯里那么多人的面做自我介绍，多尴尬呀！于是，他决心不打招呼，就当没看见。

可是，后来张晓亮给副总的秘书送报告时，刚巧副总从办公室里出来，却像没看见他一样，目光飘得很远。他开始后悔电梯里的行为，心想，副总一定在电梯里看见他了，已经对他心存不满了。

没过几天，更倒霉的事情出现了。上司带着张晓亮一起陪着客户吃饭，副总也在。张晓亮觉得上次的事情搞得很不愉快，就想借此机会跟副总搞好关系。可是，整个过程中，他几乎没有任何表现，只是在内心进行了无数次的犹豫挣扎。

在去酒店的路上，上司和副总仍然在谈公司的事情。他想，公司的

第十四章

万事随缘不计较:学会面对,一念放下万般自在

事情,我这个新人不好插嘴,还是保持沉默的好。其间,副总咳嗽了一阵,他很想趁机问问,副总你是身体不舒服吗?但是这个念头刚冒出,他就觉得害臊,脑子里立刻冒出了"谄媚"这个词,便继续保持沉默。

这时,他的上司倒是关切地问了一句:"最近身体不好?"副总叹了口气说,老毛病了,一到秋天就犯。于是,他们又聊到了生活。

中间,张晓亮几次想参与到话题中,但又觉得,人家关系不错才谈这么亲近的话题,你一个新来的员工有什么资格参与进来?搞得好像隔着自己的上司巴结副总一样。所以,整个途中,他一直都在保持沉默。

吃饭的时候,张晓亮显得有些不知所措了。他认为自己地位低下,在敬酒这种场面上的事情更应该沉默。在与对方公司交流这种事情上,他更是不知道从何说起,他的主管事先也没有对他交代过。

后来,主管要他表现一下新人的风范,去给对方的副总敬杯酒。他却说,自己不会喝酒,敬果汁可以吗?原本轻松、愉快的吃饭气氛顿时消失了……

不难看出,张晓亮的心态波动、犹豫不决,其实是被有形的、无形的许多看法所左右了。比如,同事们的以及主管副总的,社会道德的身份观念等也深深影响着他。过于看重别人的想法,最终导致他所做的事情,反倒不是自己真正想做的。

别苛求自己,你不可能让所有人都满意。若是总在意别人的看法,而畏首畏尾,深深自责,最后受伤害的还是自己。一个人要想主宰自己的人生,就要坚持走自己的路,做自己的事,而不要活在别人的看法中。这就需要我们培养自信,克服对别人的恐惧。

(1)从思想上适当地抬高自己,并适当地评价别人,即对人对己的看法要保持平衡。在与其他人相处时,你要告诉自己,每一个人都是重要的角色,你要尊重别人;自己也很重要,你更要尊重自己。

(2)在与人交往时,可以通过改变自己的言行举止来改变自己的心态。比如,当我们昂首挺胸时,就会彰显出成竹在胸的自信。反之,当我们含胸哈腰,一脸苦相时,就会底气不足,缺乏生趣。

当与陌生人相遇，做自我介绍时，可以同时采用下列行动：首先，伸出双手，热情地握住对方的手；其次，正视对方的眼睛，伴以友好的真诚；同时笑着说："见到你很高兴！"这样，你会发现：你的热情感染了别人，你的大方取代了害羞，你的自信代替了自卑，你的勇气代替了胆怯！

（3）学会正视自己。金无足赤，人无完人，我们既不可盲目拔高别人，使自己匍匐在地，也不可无端贬低别人，使自己高高在上。对人对己，在人格上保持平等，既不崇拜任何人，也不鄙视任何人。在人际交往中，真正做到从容自若、游刃有余。

别让内疚、忧伤和失败带给你疲惫

情绪是我们内心世界的窗口，你会因心存内疚而举棋不定，也会因自身的不足而莫名忧伤，更会因多次的失败而痛苦不堪。如此种种，都会折磨你到身心疲惫。

身心疲惫时，我们的情绪会一落千丈，动不动就会发一阵牢骚，发一通脾气。发泄之后，疲惫之感丝毫没有减轻，这又何必呢？

其实，内疚、忧伤和失败是被串联着的三个部分，它们往往会光顾同一个人。我们身边的每一个人，或多或少都遭受过内疚的痛苦。做错事在所难免，因之而内疚更是必然，我们拥有的内疚越多，我们的内心就会越忧伤，我们的生活也就会越糟糕，这样的生活怎么会幸福起来呢？这时候，失败自然会不约而至。

赵燕和吕娜是一对好朋友，她们从小一起长大，几乎形影不离。上学后，她们在同一所学校上小学、初中，就连兴趣班，她们俩都是学的舞蹈，在同学们看来，她们就是一对姐妹花。

马上就要中考了，赵燕和吕娜都想报考县唯一的重点高中，但如果光靠成绩，她们俩离这所高中的录取分数线还有一段距离，所以，她们决定报考这所学校的艺术特长班。这样的话，她们便会有一定的加分。

第十四章

万事随缘不计较：学会面对，一念放下万般自在

为此，赵燕和吕娜除了加紧复习功课以外，对舞蹈的练习也没有松懈，当然，她们还是一起复习，一起练舞蹈。

一天，赵燕刚回到家里，隔壁的张阿姨便来找她。

"赵燕，你听说了吗？今年你报考那所高中的艺术特长班在你们学校只有一个名额。"张阿姨的丈夫在县教育局工作，她的这个消息应该是属实。

当年晚上，赵燕失眠了，那所重点高中可是她梦寐以求的啊。如果进不了这所高中，也许自己的命运就会被改写。越是这样想，赵燕心里越恐慌。

在舞蹈班，赵燕和吕娜可谓平分秋色，不分上下。所以对这场特长招生考试，赵燕心里实在没底。也许吕娜心里和赵燕想的一样，两个人的关系开始变得微妙起来，虽然她们还是一起复习，一起练舞蹈，但她们再也不像以前一样无话不说了，因为有了竞争，她们在心里已经产生了隔阂。

这天，赵燕和吕娜又一起去练功房练习舞蹈，中途赵燕突然有事离开了，只剩下吕娜一个人。吕娜本想做几个跳跃动作，没想到，脚下一滑，重重地摔在了地上。

等赵燕回来时，吕娜已经被送到了医院，经医生诊断，吕娜摔成了骨折，需要长时间休养，练习舞蹈自然是不可能的了。

结果可想而知，赵燕考上了那所高中的特长班，而吕娜因为骨折原因不能参加艺术班考试，最后只考上了一所普通学校。

赵燕没有去探望吕娜，她不敢正视吕娜那双眼睛，因为只有她知道，在那天练舞之前，她将一瓶甘油故意洒在了地上，那天的离开也是她事先安排的。

赵燕虽然如愿考上了她理想中的学校，但她一直生活在内疚之中，再也无心学习，无心练琴，整日里忧心忡忡，最后甚至变得神情恍惚，父母不得不为她办理了退学。

因为内疚，因为受到良心的谴责，赵燕终因不堪重负而回到了她的原点。我们都不是圣人，都有做错事的时候，这时候，如果一味地只是自责和内疚并不能给双方带来任何改变，内疚越深，忧伤越重，失败的可能也就越大。要是我们能换一种思考方式，做错了事，大胆地去承认，去向对方坦白，求得对方的原谅，虽然心里还是会存有内疚感，但最起码我们不会深感疲惫，因为我们已经因为对方的原谅而达到了释然。

对于我们来说，失败更是在所难免。成功是什么？成功是99次失败后的第100次，伟人尚且如此，我们更不必强求。失败了，拍一拍身上的尘土，笑着对自己说："我不是失败了，而是还没有成功。"这未必不是一种成功的表现。英国的一位学者曾说："失败不该成为颓丧、失败的原因，应该成为新鲜的刺激。"失败了，便自暴自弃，便怨天尤人，会带给你永不休止的疲惫，那么你将永远是一个失败者。而如果把它看成暂时的失利，继续努力，重塑信心，那么，他今天的失败便不是真正的失败，而是明天的成功。

身心俱疲时放下工作独自远行

社会中的绝大多数人，都在为了自己的"欲望"拼命，为了住上更豪华的房子，为了开上更名贵的好车，为了购买各种各样的奢侈品，他们整日为了"赚更多钱"而奔波。尤其是在当今这个"竞争"激烈的时代，要想取得好业绩，要想保住自己的饭碗和工作，似乎都必须拼命工作，"工作奴隶"的形象在职场当中随处可见。

殊不知，人体不是机器，长时间的高压工作会引发一系列身心健康问题。人生就像一条橡皮筋，如果只是一味地不停拉紧，不懂得放松，那么迟早都会扯断并弹伤自己的手。俗话说"身体是革命的本钱"，所以聪明人在繁忙的工作中都懂得要适时放松。

张锋就职于某公司融资部门，为了拉到资金，平时在工作中少不了应酬喝酒。张锋30岁时可是酒场上的一把"好手"，不管是什么样的客户，只要到了酒桌上，张锋基本都能顺利拿到客户的投资，由

第十四章

万事随缘不计较：学会面对，一念放下万般自在

于酒量"深不见底"且非常善于言辞，张锋在业内还赢得了一个"酒桌狐狸"的美誉。

在朋友们眼中，张锋是一个典型的"工作狂人"，晚上十点别人都准备入睡了，他在饭局上喝酒应酬；周末别人在聚会休闲时，他在出差拜访资金雄厚的投资商；别人在陪家人购物、旅游时，他正在出差的路上写工作报告……付出就有收获，张锋的辛苦付出也确实取得了丰厚的回报，仅仅工作三年，收入水平就达到了年薪三十万，绝对是同龄人中的佼佼者。

不过最近张锋却尝到了长期繁忙工作的苦头，为了避免影响工作，张锋即便是在身体不舒服的情况下也很少请假，即便是感冒发烧也照样去陪投资商喝酒应酬。长时间饮酒以及不规律的生活作息，再加上一直忙碌很少休息，张锋的心脏出现了异常，只要情绪一激动就会心跳异常加速，出现心悸、气短等症状。

直到自己的身体发出"预警"，张锋才突然意识到为了"工作"自己都失去了什么。因为工作，放弃了与家人团聚的机遇，丢掉了与孩子互动的美好亲子时光，忘了陪伴自己的爱人与父母，还牺牲了自己的身体健康。

工作只是我们人生的一部分，除此之外，还有太多的美好等待着我们去体会、去采摘，如果你觉得身心疲惫，那么不妨放下手中的所有工作，独自一人去远行吧！每个人都有通过劳动和工作实现自我价值的需要，但在面对工作时，一定要做到"张弛有道"，切不可长时间透支精力与体力。

独自远行是一种非常好的放松方式，具体来说，主要有以下两点好处：

（1）可以远离人群。

我们每天都要与各种各样的人打交道，时间一长就会不由自主地变得"麻木"，机械地与人交流，面无表情地与人对话，如果你在日常交流中常常是这样的状态，那么这表明你的"心"已经累了。这时候独自

去远行，可以远离熙熙攘攘的人群，让我们重新回归自己的心灵，获得灵魂上的短暂休憩。

（2）可以转换环境。

在同一个环境中呆得太久，就会丧失对生活和工作的热情，而热情欠缺正是造成我们工作倦怠的一个重要原因，所以抽时间离开自己熟悉的环境，去陌生的地方远行吧！如此一来，我们对生活的热爱，对陌生事物的好奇心，对未来的期待以及对事业的积极进取心都会一一重新归来。

第十五章

会舍才能得：好脾气都在实践的生活法则

于"舍得"中见智慧，在"舍得"后感悟人生。"舍得"不仅是生活中的哲学，也是人们为人处世的大智慧，更是一种境界。舍得，有舍必有得，有得必有失。小舍小得，大舍大得，有舍有得，不舍不得。这不仅是成功者身上的华丽篇章，也是好脾气都在实践的生活法则。

第十五章
会舍才能得：好脾气都在实践的生活法则

剔除享乐心理，先清心后培养自控力

现代人们生活水平提高了，生活便利了，不再为吃穿发愁了，追求享乐的人越来越多了，人也变得慵懒起来了。

由于人们总是对看似美好、有利的事物来者不拒，所以很容易造成人的短视行为。当人们习惯了这种美好生活方式之后，就不再注意和关注它，而是依靠习惯的思维和行为方式行事。受享乐心理的驱使，人们会越发迷恋眼前的一切。

殊不知，在不经意间，眼前的环境正在悄悄发生着变化，更深层的因素在作用，已让我们在不知不觉中处于危险之地。有时候，因为贪图小便宜而吃大亏，有时候，因为贪图一时享乐而贻误时机……

哈佛大学毕业的乔治，一生中穷困潦倒，50岁时一无所成，郁闷而死。死后，他在天堂遇见了上帝。他向上帝抱怨自己做了40年的虔诚信徒，上帝却不肯赏赐给他一个像样的机会，让有才华的他平庸一生。而把成为世界首富的机会，给了根本不相信上帝存在的比尔·盖茨。

上帝翻了翻机会账本说："这机会我已经给你了，是你把它让给了比尔·盖茨那小子。"乔治不信，上帝便开启了时空隧道，将乔治1975年的生活再现。

画面里，乔治与比尔·盖茨一起在哈佛大学宿舍里打扑克。这时候，同学艾伦拿着那年第一期的《大众电子学》进来，递给乔治，说上面刊有关于计算机新发展的消息。

乔治接过杂志，随手一翻，边把杂志扔给比尔·盖茨，边不耐烦地说："这么垃圾的杂志你也看啊？懂不懂生活啊？能不能搞一本《花花公子》啊？你们真没劲！不玩了，约会去！"然后，扭着屁股找他的女友去了。

乔治走后，比尔·盖茨拿起那本杂志认真地读了起来，他立刻被一篇关于第一台个人电脑的报道吸引住了，并在脑海中开始畅想自己的将来。

那天晚上，乔治与女友在迪吧疯玩到深夜，然后又找了一家宾馆住下，及时享乐的画面让现在的乔治都感到不好意思。而看完关于电脑报道的比尔·盖茨，却在床上辗转难眠，思索着电脑将来的发展趋势和自己并不感兴趣的法律专业。

经过一个夜的内心挣扎，比尔·盖茨决定辍学，开创自己的公司。他与艾伦在家人不理解、乔治等同学的冷嘲热讽中，创办了只有两个人的微软公司。

这时，上帝关闭了时空隧道，对乔治说："那本杂志就是我送给你的消息，希望你看到，并抓住机会，做出行动。可你只贪图享乐，说没有《花花公子》好看，把杂志扔给盖茨后，跟女友疯玩了一夜，让盖茨抢占了先机。"

乔治抱怨地说："这不能怪我，当时你也没有提醒我，要不然我肯定会仔细阅读那本杂志，当时大学生都像我那样生活。假如我大学毕业之后，在计算机行业上班，你要是再给我这样的机会，我肯定不会错过。"

上帝说："乔治，在你的生活里，享乐比机会重要。即使给你再多的机会，你也看不见，更不知道珍惜和把握。"

从这个笑话中我们可以看出，剔除享乐心理对于成功的重要性。这是一个物欲横流的时代，享乐已成为一张无形而巨大的网，把年轻人紧紧困在网中央，使其忘记了生存的本质是竞争。只有保持竞争力，才能立于不败之地。其实，一时的竞争力下降不会改变长期竞争的事实。而欲望泛滥的享乐心理，则会使人的竞争力丧失殆尽，最终被无情淘汰。那些先知先觉的人，都是清心寡欲、自控力很强的人。

因此，我们要想成功就必须先清心，再培养自控力，做自己情绪的主人。那么，如何培养自控力呢？不妨从以下几点做起：

（1）树立远大理想。

人生目标远大的人，会自觉抵制各种诱惑，摆脱消极情绪的影响，坚定不移地按照自己的目标去行动。无论他考虑任何问题，都着眼于事业的进取和长远的目标，从而获得一种控制自己的动力，不会使自己的人生迷失在享乐之中。

（2）不随波逐流。

一个有自控力的人是不会随波逐流的，当他们意识到自己已在享乐的迷途中时，会用极强的毅力让自己及时抽身，不要越陷越深。

（3）从日常生活中的小事做起。

高尔基说："哪怕是对自己小小的克制，也会使人变得更加坚强。"人的自控力是在学习、生活工作中的小事中培养、锻炼起来的。许多事情看似微不足道，却影响到一个人自控力的形成。如早上按时起床、严格遵守各种制度、按时完成学习计划等，都可积小成大，锻炼自控力。

（4）学会自我暗示。

经常进行自我暗示、自我提醒、自我监督，避免自己去做不该做的事情。如当学习时忍不住想看电视了，马上警告自己，管住自己；当遇到困难想退缩时，不妨马上警告自己别懦弱。这样往往会唤起自尊，战胜怯懦，成功地控制自己。

（5）要强化实践锻炼。

一方面要加强学习，积累知识，开阔视野，用知识来武装和充实自己，提高自己分析问题和解决问题的水平，并通过学习别人的经验来扩展自己决断事情的能力；另一方面，要培养自己性格中的意志独立性。要积极投身到现实生活实践中去，刻苦锻炼，不断丰富经验，提高自己的适应能力。

放慢身心，享受快乐"慢生活"

在这个快节奏的世界里，你是否常因工作、生活疲于奔命，忙忙碌碌，感到很疲惫？每天早上，我们被闹钟叫醒，然后匆忙上路，到了公司又匆忙地周旋于大大小小的会议和项目之间，下班后还要匆忙地回家做饭、照顾孩子或是与朋友聚会，直到夜深。不知不觉间，我们已经没有了自己的时间，忙碌成了人生的主旋律。

要知道这不仅会损害你的身体，还会影响你的工作效率、生活质量等各个方面。为了缓解身心的疲惫，为了使工作、生活更好地进行，有必要偶尔放慢自己的脚步。也许你会问，在竞争如此激烈的年代，哪儿有资本慢下来啊？

其实不然，"慢生活"并非让你放弃自我、无所事事，而是在生活和工作之间寻找一个美丽的平衡点。不要以为废寝忘食就预示着成功，就表明你不可挑剔的敬业精神，很多人把每一分钟都用在工作上，其实那真的得不偿失。

程志新热爱广告事业，他大学刚毕业就投身于一家著名的广告公司工作，从最初的创意助理一直做到了部门经理。

他每天早八点准时出门，拎着笔记本到公司上班，一上午和同事讨论广告方案，下午给客户打电话约时间，讨论整理出来的想法。一个方案常常要改上七八次才可能让客户满意。慢慢地，他发现，自己曾经热爱的工作现在却变成每天高强度、高压力的脑力劳动，把他当初的激情一点点地"压扁"了。

他说："那个时候，我把每个策划案的最后期限都用红笔在日历上勾画出来，每天只要一看到那个红圈，头就疼得厉害。到了晚上，甚至连中午吃了什么饭都想不起来。"

他的生活好像只有两个部分，一个是工作，一个是睡觉。就算是睡觉，他也仍然做着与工作有关的梦。在最忙的日子里，程志新甚至断绝了与所有朋友的联系，一心扑在工作上，甚至每次大学同学的聚会也因为忙于工作而不能参加。后来，再也没有朋友联系他了。

直到有一天，程志新下班回家，偶然看见了楼下的一个广告牌，这才幡然醒悟。

"当时我心里很难过，因为那个广告牌是我全权负责的，虽然已经挂了好几个月，可我每天都忙于上班，从来都没有认真地看一眼。"程

第十五章

会舍才能得：好脾气都在实践的生活法则

志新回忆道。

那一幕让他想起了自己刚刚入行时，最大的快乐莫过于站在自己设计的广告牌下，细细体会那种成就感。当天晚上，他趴在床上开始仔细地重新审视自己的生活状态。经过一夜的思考，他决定把自己的生活节奏放慢些。

从放慢脚步的那天开始，程志新每天都会到楼下看看自己做的那个广告，细细品味自己的工作成果。后来，他试着每天回家都把手机关掉，在家里也不去看公司的邮件，而且还主动和已经很久没有联系的朋友们打电话聊聊天，享受"慢生活"带来的久违的快乐。

程志新刚开始这样做的时候，很担心慢下来会使工作业绩下降等之类的问题出现。但是，后来他发现，如果不主动放慢节奏，自己的生活节奏会越来越快，那样会失去更多的东西。

许多人只懂得埋头苦干，使得自己疲惫不堪，却没有时间去思考一下自己所做的事情究竟是什么，到底会产生怎样的结果，有没有更好的方法。生活从来不因为谁的忙碌而改变，但这个人却会因为忙碌而逐渐迷失自我。

为什么不学会忙里偷点闲？暂时放下工作，把塞满文件、数据和问题的头脑彻底清空，到安静的地方散散步或者听听音乐，看看喜欢的书籍。这种休息往往可以把你从旧框框中解脱出来，激发你的创造力，激发你的灵感和创意。

放慢身心，享受快乐"慢生活"。你会发现身边有那么多美好的人生风景，它需要一双善于发现风景的眼睛才能观察到。人生注重的不是结果而是过程，结果在未来，我们无从预料，可是过程就在现在，享受与否，都在于你自己。

跳出忙碌的圈子，丢掉过高的期望

你是否经常会发现自己莫名其妙地陷入一种不安之中，而找不出合理的理由。面对生活，我们的内心会发出微弱的呼唤，只有躲开外在的嘈杂喧闹，静静聆听它，你才会做出正确的选择。否则，你将在匆忙喧闹的生活中迷失，找不到真正的自我。

很多时候，我们为了一些过高的期望，每天都忙忙碌碌，将自己置身于一件件做不完的琐事和想不到尽头的杂念中。这种机械无趣的日子丝毫体会不到生活的乐趣。

这个时候，我们才发现，一些过高的期望其实并不能带来快乐，但却一直左右着我们的生活：拥有宽敞豪华的寓所和完整的婚姻，让孩子享受最好的教育，成为最有出息的人；努力工作以争取更高的社会地位；能买高档商品，穿名贵的皮革；跟上流行的大潮，永不落伍……

张强和他的妻子李玲原来在一家国营单位供职，夫妻双方都有一份稳定的收入，有一个活泼可爱的女儿。

每逢节假日，夫妻俩都会一同带着五岁的女儿倩倩去游乐园玩耍，到博物馆去看展览，到野外去爬山……一路上欢歌笑语，一家三口其乐融融，好不惬意。

后来，张强一个在外企的朋友动员他去外企工作，不仅工作体面，而且收入颇丰。为了能过上那种令人艳羡的体面生活，张强辞去了稳定的工作，跳槽到外企打拼。没过多久，张强也动员自己的妻子离职去外资企业。两个人共同畅想着那种买名牌、穿名牌，让孩子享受最好教育的美好未来。

凭着出色的业绩，张强和妻子李玲都成了各自公司的骨干力量。夫妻俩白天拼命工作，有时忙不过来还要把工作带回家，根本没有时间照顾孩子。两个人经商量决定，把五岁的女儿送到寄宿制幼儿园里。

李玲突然觉得，自从自己和丈夫跳到体面又风光的外企工作之后，这个家就不再温馨了，有点旅店的味道。孩子一个星期回来一次，有时她要出差，就很难与孩子相见，更别提带孩子出去玩了。

不知不觉中，孩子已经到了上学的年龄。在幼儿园的欢送会上，

第十五章

会舍才能得:好脾气都在实践的生活法则

李玲看到自己的女儿表演节目,竟然有点不认得这个懂事却可怜的孩子了。虽然孩子跟着老师学了很多,但在亲情的花园里,她却像孤独的小花。

在外企,频繁的加班占据了她周末陪女儿的时间,以至于平时最疼爱的女儿在自己眼中也显得有点陌生了。这一切都让她陷入了一种迷惘和不安之中。

经过反复考虑,李玲毅然决定离开外企,找一份普通的工作,多一些时间陪孩子,继续过普通人的生活。

事实上,富裕奢华的生活需要付出巨大的代价,而且并不能相应地给人带来幸福。如果我们降低对物质的需求,改变这种奢华的生活目标,将节省更多的时间充实自己。轻闲的生活将让人更加自信果敢,珍视人与人之间的情感,提高生活质量。幸福、快乐、轻松是简单生活追求的目标,这样的生活更能让人认识到生命的真谛所在。

跳出忙碌的圈子,丢掉过高的期望,走进自己的内心,认真地体验生活、享受生活,你会发现生活原本就是简单而富有乐趣的。简单生活不是忙碌的生活,也不是贫乏的生活,它只是一种不让迷失自己的方法,你可以因此抛弃那些纷繁而无意义的生活,全身心投入到生活中,体验生命的激情和至高境界。如何才能跳出忙碌的圈子,享受简单的生活呢?具体可以从以下几方面入手:

(1)不要事事追求完美。

要接受人生的不完满。完美是一种理想的状态,是每个人追求的目标,有了它,生活才会有奔头。可如果因刻意追求完美,而让自己处于紧张的状态,就像每天把自己绷得像一根橡皮筋,时间长了,也就不再有弹性了。

(2)学会忙里偷闲。

当工作成为一种习惯,我们想要抽身离开,休息一会儿并非易事。这个时候就要强迫自己出去散散心,听听音乐,也可以去享受一顿美食。暂时把自己从繁忙的事物中解脱出来,感受一下另一种气息。也许你会有新的发现，也许那个困扰你的问题已经有了答案。

（3）要懂得舍得。

舍得舍得，不去舍弃一些东西，怎么会得到更多。有些人的私心太重，想要的东西太多，总是忙忙碌碌地去追求，以至于忘记了生活的意义和乐趣。如果累了，就给自己放个假，出去玩玩，回来后以更加饱满的精神和昂扬的斗志投入到工作中去，收获未必会小。

凡事要看透，拿得起的人更要放得下

人们常说：凡事要看透，不仅要拿得起，更要放得下。"何谓"拿得起"？简单来说，就是两个字："有为"，这不仅是一种积极的人生态度，更是一种能力。工作中，样样事情拿得起，一定是受领导重视、被同事尊重的骨干；家庭中，样样事情拿得起，一定是全家人的顶梁柱；社交中，样样事情拿得起，一定是朋友们的主心骨。

但是，人生中光拿得起还不行，还要能放得下。就像人们举重一样，不仅要将杠铃拿起来，还要能安全地放下去，这才是成功。人生也同样如此。如果说，拿得起是一种勇气和毅力，那么，放得下便是一种胸怀和肚量。毕竟人是有思想、有欲望的动物，几乎每个人内心深处都有一种"得到越多越好"的意念，拿得起好说，要放得下，谈何容易？

生活中，多数人都认为，人生最大的成就感就是不断地拿到自己想得到的。尤其是对各种名利，死死抓住不放，顶着来自四面八方的压力，思想包袱越来越重，脚步越来越沉。

对功名利禄放不下，出现了跑官、买官、贪官；对金钱富贵放不下，催生了贪污、受贿、盗窃；对爱情婚姻放不下，产生了痴男、怨女、殉情。

殊不知，学会放下，才能使负重的人生得到暂时的休息，才能摆脱烦恼和纠缠。佛经上说："如何向上，唯有放下。"学不会放手，只知道紧紧攥着拳头，很可能最后一无所有，而懂得放手、放下，你才能拥有更多。

第十五章

会舍才能得：好脾气都在实践的生活法则

在这个世界上，为什么有的人活得轻松幸福，而有的人却活得沉重痛苦？因为前者拿得起，放得下；而后者拿得起，却放不下。

我国最早的特型演员王铁成老师便是一位拿得起，放得下的人。

1977年，王铁成在中国话剧团排演的话剧《转折》中饰演周恩来，这是我国舞台上第一次出现周恩来的形象。1978年，故事片《大河奔流》开拍，应著名导演谢铁骊邀请，王铁成在影片《大河奔流》中饰演周恩来，这是他首次在银幕上塑造周总理的形象，成了我国最早的特型演员。

王铁成扮演的周恩来真切感人，深得观众喜爱，正是由于他在影片《周恩来》中的出色表演，使他于1992年获得了电影金鸡奖最佳男演员奖和"大众电影"百花奖最佳男演员奖。虽然王铁成除了扮演周恩来，没有扮演过任何其他角色，但他扮演的周恩来是最受大众认可的，迄今无人超越。

1987年时，51岁的王铁成做出了一个常人难以理解的选择——放弃艺术生涯，去香港打工。因为他有一个先天痴呆的儿子，虽已过而立之年，生活仍不能自理。王铁成在努力挣钱的同时，还得日夜料理儿子的衣食起居，以确保儿子可以健康地活着。

试想，这对一个人来说是多么沉重的打击和考验啊！但王铁成是一个凡事都能看透的人，他常说："人，要学会找乐子，要拿得起，放得下。凡事不要怨天尤人，不要埋怨生活，而要在自己的主观境界上提高。"

当谈到他的智障儿子时，他满脸的喜悦，没有一丝的不快与伤感。他说："我儿子听话，从小到大未给我惹过事，使我们省了不少心。痴呆儿子也有他的好，他没有正常人那么多烦心事。闲暇时候，牵儿子逛逛、玩玩、聊聊天……我们经常自寻乐子，一家人生活得好不惬意！"

按说，王铁成这个年纪是该享清福了，可他非但得不到儿子的任何回报，还要放弃自己的艺术生涯，边打工边照料儿子。即便如此，他仍乐观地面对生活，拿得起，放得下，从不怨天尤人。

生活中，那些被各种琐事困扰的人几乎都是学不会放下的人。多数人都认为，人生最大的成就感就是不断地拿到自己想得到的；但实际恰恰相反,"放得下"才能使人生更完美。尤其是对各种名利,若死死抓住不放,思想包袱就会越来越重,私心杂念就会越来越多,脚步就会越来越沉。最终,在机遇和挑战面前,就无法产生积极向上、锐意进取、奋发有为、开拓创新的朝气,也不可能挣脱前进道路上的各种羁绊。

　　法国哲学家、思想家蒙田说过:今天的放弃,正是为了明天的得到。意在告诉人们,要拿得起,也要放得下。拿得起是生存,放得下是生活;拿得起是能力,放得下是智慧。有的人拿不起,也就无所谓放下;有的人拿得起,却放不下。拿不起,就会庸庸碌碌;放不下,就会疲惫不堪。人生路上,只有放下那些无谓的负担,才能一路潇洒前行。

第十六章

我的心情我做主：让好脾气带来福气

愤怒的情绪是一种病毒，它会迅速占领你，让你失去理智，做出一些既伤害别人又伤害自己的事情。坏脾气就像一支专门搞破坏的笔，只会给你添上不光彩的颜色，改写你的人生，让你走向失败。所以，我们一定要保持平和的心态，我的心情我做主，经常给自己以积极的暗示，少发脾气，将坏脾气这种心灵上的枷锁彻底摧毁，让好脾气带来福气。

第十六章
我的心情我做主：让好脾气带来福气

"装"出你的好心情

生活中，我们经常会遇到一些"疑难杂症"，给人造成心理上的压力，从而使我们情绪低落，感到疲惫，厌恶生活。其实，每个"疑难杂症"都有漏洞，只要我们能调节好自己的情绪，保持良好的心态，我们就会很快找到解决问题的关键。生活中的苦难和不幸并不可怕，能否从中寻找到幸福，完全看自己的心情。如果能始终保持好心情，幸福将无处不在；否则，我们就只能在挫折中甘愿沉沦。

心情就像磁铁，我们的生活不论是正面还是负面，都受到它的牵引。好心情具有超常的魔力，它能用阳光驱散漫天的乌云，让春风吹走冬日里的阴霾。好心情让人活力四射，犹如雄鹰搏击长空、骏马驰骋草原。拥有好心情的人总有一股冲破万难的魅力,把痛苦当成攀登人生的阶梯，把失败作为成功的前奏。总之，没有一种东西能够阻止好心情的力量。

阳光对每一个人都是慷慨的，天空对每一个人都是广阔的，没有人的头顶总会阴云密布。只要你能用笑脸去迎接每一天，可怕的病魔、恐怖的灾难等人世间一切烦恼与痛苦都会躲进阴暗角落瑟瑟发抖。

心理学家马斯洛说："心情若改变，你的态度就跟着改变。态度改变，你的习惯就跟着改变。习惯改变，你的性格就跟着改变。性格改变，你的人生就跟着改变。"好心情是解决问题的必备素质，是一个人追求幸福生活的内在驱动力。拥有好心情就能够处变不惊、沉着冷静、乐观面对；拥有好心情就能够淡化烦恼，强化快乐，把视点集中在生活中精彩的地方。微笑的时间久了，你就会忘记如何哭泣。

索菲和丈夫的关系一直在恶化，终于在结婚七年之后，他们离婚了。索菲从法庭出来之后，感觉天都要塌下来了。她那样爱她的丈夫，为了丈夫的事业，她辞掉了工作专心做家庭主妇。可是，丈夫却在事业有成后，开始和各种女人发生不正当关系；对索菲也没有以前那样温柔，甚至还对她实施家庭暴力。为了三个可爱的孩子，索菲没有起诉丈夫。可是，丈夫似乎并不珍惜他们这个家庭，心灰意冷的索菲终于提出了离婚。

已经很晚了，索菲也不愿意回家。她不知道该如何面对三个无辜的孩子。大女儿才十岁，两个儿子是双胞胎才五岁，他们还那么小，怎么能承受父母离婚的打击。街角处一家咖啡店的老板娘是索菲的朋友，索菲擦了擦眼泪走了进去。老板娘四十岁左右，也是个离异的女人。索菲现在突然很不理解为什么她的这位女伴能活得这样开心。

老板娘招呼完客人之后，就坐在索菲对面："事情解决了？"

"离婚的事情是解决了，可是我的孩子怎么办？他们会不会像好多单亲家庭孩子一样成为问题少年？"索菲痛苦地说。

老板娘安慰她："那就要看你了。如果你每天开开心心地面对他们，他们也会开开心心地生活。微笑有很大的魔力。"

"可是，我怎么才能高兴呢？我这样一个苦命的女人。"

"装！装久了就把自己也骗了。"老板娘为索菲整理好衣服，鼓励她回家。

索菲按照朋友的话，把不开心的事情暂时封锁起来，硬撑着笑脸面对每一天。她的孩子们没有感受到家里的快乐比以前减少了，而变得不开心，他们的童年和以前一样精彩。索菲微笑多了，就忘记了痛苦是什么表情，所以，她和孩子们生活得很幸福。

很多人在面对生活中的暴风雨时，总是害怕、逃避、不敢正视。不要以为你躲起来，困难就无法找到你。恰恰相反，你的懦弱和不负责任会让困难急速膨胀。所以，自信一点，勇敢一点，拿出你的智慧和胆识微笑面对困难，大声喊出"让暴风雨来得更猛烈些吧"。一切困难都会在你的乐观和洒脱下悄悄后退。

生活中不缺少快乐，我们之所以常常为情所困，为物所累，是因为我们缺少发现快乐的眼睛。不要总抱怨自己时运不济，也不要抱怨周围的环境是多么糟糕，与其每天生活在琐碎中，不如放飞心情，丢弃苦恼，用心感受生活。不管现在的状态有多糟糕，请你平静下来，调整心态，

第十六章

我的心情我做主：让好脾气带来福气

将烦恼寄存，与好心情来个约会，哪怕是强装出的笑容，也能将心中的阴霾驱散。

在生活中要尽量学会给自己积极的心理暗示

现实生活中，每个人都会遇到各种各样的困难，但是拥有一个积极的心态，会让你的意志更加坚定，让你心灵更加纯净，给你带来意想不到的效果。

所罗门说过，乐观的心态就是最强劲的兴奋剂。马歇尔·霍尔医生也曾对自己的病人说过，乐观的态度是你最好的药。无论面临多大的困难，我们都要给自己积极的心理暗示，相信困难最终会解决。那些天资聪颖的伟人，大多都拥有一颗积极乐观的心。他们不愿被世间俗物所羁绊，喜欢在安静的生活中享受生活带给他们的乐趣，并且能从生活中激发出他们的热情，例如荷马，塞万提斯·萨维德拉，埃德曼·斯宾塞，弗朗索瓦·拉伯雷等，在他们的作品中，都能详细地反映出他们的个人生活，反映出他们积极乐观的心态，就算处于人生中的低谷，他们也能做到积极向上，不屈不挠。

好莱坞大片《阿甘正传》曾经感动了无数普通人。主人公阿甘只是一个普通人，并且智商只有75分，但是他之所以能够取得成功，是因为他能够在困难面前给自己积极的心理暗示，他认定目标后就坚定执着地去做，毫不动摇。他母亲告诉他，人生就像各种各样的巧克力，你永远也不会知道哪一颗会属于你。正是听从了这样的教诲，他创造出了生命的奇迹。从智商只有75分而不得不进入特殊学校，到橄榄球健将，到越战英雄，到虾船船长，到跑遍美国，阿甘以先天性的缺陷，达到了许多智力健全的人也许终其一生也难以企及的高度。

现实生活中的许多人都缺乏像阿甘一样的心态。每年6月份高考成绩出来之后，新闻经常报道某地某个学生因为考试成绩不理想而自杀，他们选择结束自己生命的原因就是不能接受考不上好大学的结果。听到这样的新闻,让人不禁对这些未来的栋梁产生怀疑,面对这样一个小困难,他们就表现得如此脆弱,他们靠什么应对人生中更大的风雨呢?像我们都熟知的韩寒,他在高中的时候选择辍学,现在不也一样成为一名有名气的作家吗?

心理暗示会产生巨大的影响,可以让人萎靡不振,可以让人一蹶不振,但也可以让人精神抖擞,让人奋发向上。著名心理学家巴甫洛夫认为,心理暗示是人类最简单的反射:人们在受到某种事物(真实存在或者想象中的)一定程度的刺激后,主观上会产生承认这种事物存在的趋势,接着人的行为会按照这种趋势进行下去,这便是心理暗示的反应链条。从这可以了解到,心理暗示作用的好与坏,取决于主观的积极与否。

有时候,当我们给自己消极的心理之后,事件发生后,结果也是非常糟糕的。体弱的人暗示自己不要生病,但疾病往往容易缠上他;骑车出门的时候想着要小心,不要撞车,那么撞车的几率大大升高,这样的心理暗示看起来是积极的,其实不然,这些"不要"往往是消极的。因为,你使用它们,表明你在为你的失败找借口。我们在为人处世时,应把眼光集中在周围美好的事物上,集中在事物的积极方面,要学会积极的心理暗示。在任何情况下都要鼓励自己,长此以往,就会养成一种积极的心态,坚持下去,才会有可能获得一个幸福的人生。

生活中,很多人习惯用"反正"、"没办法"、"总之"之类的词汇,以此表示自己无能为力。殊不知,这种词汇绝对是心理暗示中的"忌语",因为使用它们就意味着你在为自己的失败找所谓的"客观理由"了,这正是消极心理暗示的恶果。心理暗示对于人们的日常生活有着强大的影响力,我们应该分清何为积极暗示,何为消极暗示,建立强大的自信心,并注意生活中的小细节,以此来建立积极的心理暗示。心理暗示的积极与否取决于暗示者的自信心是否充足,所以看上去它与个人性格有着很大联系,似乎是人们不能左右的,其实不然。如果我们注意生活中的细节,辅之以科学的锻炼方法,是可以建立积极的心理暗示的。

多去赞美周围的事物,把眼光集中于积极方面,就会不自觉地向自己传输积极的暗示；如果把眼光局限于事情的阴暗面，同样会受到相同程度的消极心理暗示的影响。所以，适当调整对待周围人与事的态度，会大大影响自己的心理暗示。

别让自卑情绪笼罩着你

自卑是一个人因为某些生理缺陷、心理缺陷，或其他原因而产生看不起自己、认为自己不及他人的情绪体验，主要表现就是没有自信。当遭到周围人讥笑、讽刺或侮辱时，这种自卑心理便会大幅增强，甚至以暴怒、嫉妒、自欺欺人等畸形的方式表现出来，给自己、他人和社会造成一定的危害或损失。

实际上，自卑是一种自我折磨，它既不会给人以激励，也不会给人以力量，只会盗走一个人的骨气与身心，并最终毁了这个人的事业。自卑还是最危险的杀手，它可以轻而易举地毁掉一个颇具才华的人。一个怀有自卑情结的人，当大好机会出现在眼前时，不敢伸手去抓，只会让**机会从身边溜走**。

自卑的人还总是会拿自己的短处或不足与别人做比较，总是觉得别人比自己聪明、风趣、有魅力，总是认为别人在任何方面（比如地位、荣誉、尊严、事业和成就等）比自己强，因此越发感到自己的不足，最终走向自毁的道路。

从北京的一所大学毕业后，小李被分配到一个偏远的小镇任教。当年，他考上北京的这所重点大学时，在那个偏僻的山村里也算出了名的。闭塞的小山村里终于走出了一个大学生，而且考上的大学还是在首都。

小李没有一个有钱有势的亲戚，毕业的时候，他只能选择了学校分配的那个和自己故乡同样偏远的一个小镇，而和他一同毕业的同学大多数都留在了北京和去了一些大城市。他们有的在事业单位，有的在大企业，有的则自己创业……本来就性格内向的他觉得哪个都比自己有出息，觉得命运对自己不公平，整天郁郁寡欢，总感觉自己生活在地狱一般。

越是觉得不公平，他的心态越不平和，内心的自卑感也就越强烈。心怀自卑，他变得不愿与同学或朋友见面，从不参加各种公开的聚会或是活动。为了改变自己的处境，为了能有朝一日走出这个偏远的小镇，和同学们一样留在大城市，他报考了研究生，废寝忘食地学习。

但是，强烈的自卑感根本让他无法平静下来，每次拿起书本，他总是感觉别人在嘲笑自己，最后甚至一翻开书就头痛，读完一篇文章，头脑里仍是一片空白。他开始憎恶自己，把无法安心读书归罪于他所处的环境。

结果在意料之中，几次考研他都失败了。最后，他停止了努力，荒废了学业，工作上也总是出现各种差错。各种不如意使他越来越感到自卑，他开始自暴自弃，过度酗酒，最终患上了精神分裂症。

当小李的大学同学遇到他时，竟然因为他的颓废而没有认出他来。面对内心的自卑，小李已经无力反击，大好的青春也就这样白白葬送了。

作为重点大学的毕业生，小李完全可以凭借自己的智慧在那个偏僻的小镇上做出一番成绩，而他却陷入了自卑的怪圈不能自拔，最后造成了可悲的结局。

"金无足赤，人无完人"，无论是成功者还是普通人，都会有自己的长处和短处，都会多多少少有些不尽如人意的地方。如果因此而妄自菲薄，那么我们势必会生活在倦怠之中。长此下去，我们的身体、生活、学习和工作都会受到影响。但自卑绝不是不能克服的，它远没有想象的可怕。那么，怎样做才能战胜自卑，成为人生的主宰者呢？

第一，我们要正确评价自己。究其根源，自卑的人过分否定和低估自己，太在意别人的眼光，并将别人看得过于高大而把自己看得过于卑微。

我国清代文人王有光在《吴下谚联》中说："人不可以自弃，荒田尚有一熟稻也。"这句话告诉我们，人不可以自暴自弃，就算是贫瘠的土地，通过辛勤耕种，也能收获一季稻子。

第十六章
我的心情我做主：让好脾气带来福气

不管自己有多少不足，我们都不可以抹杀自己的长处，这样才能确立恰当的追求目标，对于自己的缺陷要弥补，对于自己的优点要发扬，将自卑变为发挥优势的动力，变自卑为自信。

第二，提高自信心。苏格兰哲学家卡莱尔曾说："人类最难克服的缺点就是自卑和自我怀疑。"自信是克服自卑最有力的武器。你认为自己是一个什么样的人，你就会成为什么样的人。自卑，会使你庸庸碌碌一事无成；自信，则会使你向着人生目标大踏步前进。我们要悦纳自己，正确认识自己的优势和劣势，给自己一个准确的定位，通过不断地追求成功来培养自信心。

美国总统林肯不仅是一个私生子，出身低微，而且相貌丑陋，他对自己的这些特征十分敏感，但他却非常自信，他相信自己有别人没有的长处和优势，正是这种补偿心理让他战胜了自卑，经过努力最终成为深受美国人民爱戴的总统。

第三，积极地与他人交往。越是离群索居，自卑的人身上的自卑感越会严重。这时，不妨走出来，多与周围的人进行有意识地沟通和交流，从中学习他人的长处，发挥自己的优点，这样也能有效地预防自卑感的出现。

保持平常心，方得"大自在"

所谓平常心，不过是我们在日常生活中处理周围事情的一种心态。平常心应该是一种"常态"，是人们在具有一定修养后方可具有的一种维系终身的"处世哲学"。也可理解为：不骄不躁，以出世之心，做入世之事。意味着在现代紧张生活的压力下，仍有感受那份"闲看庭前花开花落，去留无意，望天外云卷云舒"，怡然自得的那份休闲与自在！

在平常心下，你不会去计较，不会去算计，你只觉得平淡就是幸福。没有纷争，没有怨恨。平常心是无心的前者，无心并非无情，而是一种至高的心态境界。

永康东城街道山川坛居委会的许东山是一位85岁的离休老干部，但看起来很年轻。他1947年加入中国共产党并参加革命工作，1990年在原永康县总工会主席任上离休。平日里，他为人十分热心，经常受到邻里夸赞。

解放前，许东山为地下党做过很多工作，送过情报，发过传单，印过革命书籍，被喻为革命的"小英雄"。

从离休到现在，他一直住在总工会20世纪70年末代造的老房子里。虽然条件不好，设施陈旧简陋，但他却很满足。他始终认为，精神富有比物质富有更重要。他不但没有放弃学习，反而抓得更紧，还兼任了不少社会职务，如永康市离退休老干部的学习组副组长、文体活动组组长，永康市新四军研究会理事等。他说，离休20多年来，他积极参加各项活动，带头写文章、谈心得、说体会、做交流，始终以一名学生的身份参加各类读书学习活动。

近年来，许东山还力所能及做一些公益事业，不仅资助贫困生，还在汶川、雅安地震时，分别捐了几千元钱。他说："虽然我捐款的金额不多，但表达的是我的心意。"

保持平常心，与人为善是许东山的为人之道。回顾自己80多年的人生，他感到欣喜的是，自己与妻子间、子女间的关系和睦、融洽，与房前屋后、左邻右舍的关系也相处得十分和谐。邻居们都愿意与他打交道，他总是不遗余力地为他们分忧解难。

隔壁院子的几棵树已长到四五层楼高了，却没人管理。每当台风来临，邻居们十分担惊，怕危及老房子的安全。许东山却不顾自己年老体迈，打报告、写申请、跑部门……终于把隐患消除了。

许东山的老伴身体不大好。有一次，不小心摔了一跤，造成了腰脊骨折，日常生活乃至大小便都不能自理。当时，老伴情绪十分低落，许东山却不怨不躁，每天煎药、陪伴，相扶走路锻炼身体。在他的精心照料及鼓励下，老伴的病情渐渐好转。

第十六章

我的心情我做主：让好脾气带来福气

许东山说："我是一个平凡的人，经历了人生的坎坷，也品尝了生活的酸甜苦辣。我始终保持一颗平常心，乐观积极对待离休后的生活，努力实现老有所学、老有所为、老有所乐的人生目标，这也许就是我看上去依然年轻的原因吧。"

人的一生要面对的事情实在太多，人们常感叹最近又有多少不如意、不顺心。的确，工作的困扰，家庭的琐碎之事，人情世故，朋友间的矛盾如何处理等等，都需要我们去面对、去解决。但如果能保持一颗平常心，不带任何私心和奢求，问题往往会迎刃而解，可得"大自在"。

可见，平常心是"无为、无争、不贪、知足"等观念的融合，也是日常行事中无取、无舍、无骄、无求、无执着的心行。那么，如何保持一颗平常心，享受"大自在"呢？

（1）为善不执。

无论付出、行善，有了执着，就会有所期待。当期待落空，不免失望，甚至反而恼怒不安，内心就无法平静了。如果能够行善施恩于人，无求回馈，不执于心，做到无施者、受者以及无施物的清净平等心，就是平常心。

（2）知足常乐。

比尔·盖茨曾经说过，这个世界本身就是不公平的，如果你没有能力改变它，你就要学会适应它，尤其是贫富差距。人生本应无悲伤，知足者常乐，虽贫犹富。若保持自我的真性，不陷于贪欲和争斗，方得人生"大自在"。

（3）老死不惧。

生死轮回是宇宙运转的常道，人总难免生病，面临衰老，甚至死亡的来到，能够心无惧怕、意不颠倒、安然自在，所谓："死是生的开始，生是死的准备；生也未尝生，死也未尝死。"

（4）淡泊名利。

保持一颗平常心，必须坚定地树立正确的世界观、人生观、价值观。在各种诱惑成败面前，保持清醒的头脑，经受住考验，拥有一颗"成亦欣然败亦喜"的心。

始终对生活怀有热情

热情，是一种情感，是一种素质，是一种性格。伟大的热情能够战胜一切困难，是一个人坚持不懈奋斗的动力。热情，又是一种奢侈品，很少有人能够真正感觉得到。热情不同于狂热，虽然它们都表现为一种亢奋的情绪。但是，我们说狂热，指的是对于某一个特定的事物，比如音乐、舞蹈、某一个人，总之它是有具体的原因。热情，没有原因，它是人心的状态。

生活中的确有许多不如意的事情，特别是在当下，社会高速发展，市场竞争激烈，80后正承受着上有老、下有小的家庭重担，除此之外，还有对付工作的巨大压力，每天穿梭在地铁和公交。房贷、车贷、孩子学费，无疑这些七零八碎的事情聚集在一起时，会给人多么大的压力。

人在高压状态下容易失衡、迷茫，于是，我们看到许多年轻人每日忙忙碌碌，但就像机器人一般，家里、公司单位、地铁，两点一线的生活让人变得麻木，没有激情，没有热情，生活变得黯淡无光。试问，在这样的状态下，你有可能取得事业上的突破，获得更加舒适、幸福的生活吗？

生活中的焦虑无时无刻不存在，遭遇困境，产生烦恼，免不了垂头丧气，但是这不应该成为生活的常态。我们的一生，不是为了烦闷、行尸走肉般地度过，而是要追求一种满足感、幸福感、成就感。困难、压力，人人都会面对，可是为什么有的人能够战胜它，并且愉快地工作、生活，让日子过得风生水起，而你却只能卑微地在乌云下徘徊？是因为你缺少对生活的热情。

原中国女子体操队队员桑兰，1993年进入国家队，1997年获得全国跳马冠军。1998年7月22日，桑兰在第四届美国友好运动会的一次跳马练习中不慎受伤，造成颈椎骨折，胸部以下高位截瘫。这对于一个年

第十六章

我的心情我做主：让好脾气带来福气

仅17岁的年轻姑娘来说，特别是在自己事业上升期的时候，无疑如同晴天霹雳。

先不要说精神上的打击，就连身体上的折磨也是常人无法想象的。胸部以下失去知觉，忍受剧痛挺过治疗前期，纳苏最高行政长官托马斯在看望过桑兰后说："她面对痛苦的勇气令我深受鼓舞。"

桑兰在术后醒来后说的第一句话是："我什么时候才能练？"当中国体操队领队赵郁馨告诉她永远都没可能了，所有人都以为桑兰可能会崩溃、会绝望，但是她没有，而是用微笑面对大家。凭借顽强的精神，配合医生治疗，坦然接受事实。

虽然不能继续自己心爱的体操事业，但是桑兰没有放弃自己的奥运梦。1999年1月，桑兰成为第一位在时代广场为帝国大厦主持点灯仪式的外国人。1999年4月，桑兰荣获美国纽约长岛纳苏郡体育运动委员会颁发的第五届"勇敢运动员奖"。2000年5月桑兰点燃中国第五届残疾人运动会火炬。2000年9月她代表中国残疾人艺术团赴美演出。残疾并没有让桑兰的生活黯淡失色，相反，她转向了另一个天地。

2002年9月，桑兰加入了"星空卫视"，担任一档全新体育特别节目《桑兰2008》的主持人，她用这种方式继续和体育结缘。她极富感染力的表达，用多角度、多层次向观众讲述奥运金牌背后的故事和泪水，受到了观众的认可。这给了她极大的信心。同年，桑兰被北京大学新闻与传播学院新闻系破格录取，就读广播电视专业。

命运多舛，没能击垮桑兰，生活艰辛，未可磨灭桑兰生活的热情。她用平和的心态看待自己的大起大落。不幸的遭遇，只能让自己更成熟。桑兰说，自己也曾悲伤、失望、无助，但是是身边的家人、朋友给了自己巨大的鼓励和支撑。于是，她告诉自己，生活不只是体操，生命的意义不是只能在跳马上实现，我们的生活应该是火热的，而不是冰冷的。难过是一天，开心也是一天，消极的过是一日，积极面对也是一日，为何不让自己活得更轻松、更幸福呢？

大学毕业之后，桑兰继续从事与体育有关的新闻报道工作，并且还成为2008年北京申办奥运会的形象大使之一,是2008年奥运会的火炬手,还是北京奥运会官网特约记者。桑兰用自己对于生活不灭的热情,烧起了一团火焰,点亮了自己的星空。

像桑兰这样重大的人生挫折,不是每一个人都会遇到,通常情况下,我们是被一些日常琐事所困扰。每个人都有疲惫的时候,都有想要停下来永远都不要工作的愿望,但是我们还明确一点,呼吸不停,生命不止,短暂的休息过后,你还要背上行囊,继续赶路。人生没有无所事事,只有马不停蹄,如何在奔跑过程中保持一颗愉快的心,靠的就是对于生活始终如一的热情。

激情、狂热,都只是一时的冲动,很容易被时间冲淡,只有发自内心的无理由的热情才能支撑你度过漫长的一生。当然,热情这种东西,是奢侈品,并非每一个人都能够主动拥有,但是你也可以通过一些其他的方式,唤起内心对于生活的热情。

做自己喜欢做的事情,你会心甘情愿地投入时间和精力,你可以全身心付出于此。热情的细胞永远都在呼吸。但是,现实生活中,并非每个人都能够做自己喜欢的事情,养家糊口最为实际的还是做自己擅长的工作。你可能擅长计算,但是却不喜欢数字,如何保持热情呢?那就是工作中的成就感。虽然你对数字没有兴趣,但是你却可以凭借自己的计算能力在股市上呼风唤雨,这就十分值得自豪,别人的夸赞也会成为你热情的助推器。

当工作的时候累了、倦了,不必烦躁,不必纠结是否该继续工作,给自己的心放个假,出去旅行,爬爬山、看看海,到另一个城市去体验一些新鲜的东西,让自己的大脑换一个节奏,这样当你再次返回工作时,就会是冲劲十足。

没有时间出去旅行,那就不妨做一些运动,发泄内心的小情绪。跑步、游泳、打篮球、瑜伽都可以达到放松身心的效果,在挥洒汗水中,你不但释放了压力,还锻炼了体格。并且你还有可能因为运动结交更多的朋友,从而激发更大的生活热情。

第十六章

我的心情我做主：让好脾气带来福气

出身、样貌、金钱、学历都不能够决定你的人生，只有性格才能改变人的一生。一个好的性格的形成，基于对生活的始终如一的热情。

热爱生活，你会感到大自然的美好；热爱生活，你会体味人间的真情，你会感到前途光明，充满希望。